军迷·武器爱好者丛书

潜艇与航空母舰

陈泽安 / 编著

辽宁美术出版社

前 言
Foreword

世界上首艘有文字记载的"可以潜水的船只"由荷兰裔英国人科尼利斯·德雷尔在1620年建成，推进力由人力操作的橹产生。这种"可潜水船只"的军事价值很快就被发现了。1648年，主教约翰·维尔金斯在《数学魔法》一书中指出潜艇在军事战略上的优势。于是在美国独立战争中开始出现了用于军事目的的潜艇"海龟"号。

潜艇最初是由人力推进的，后来蒸汽机用在了潜艇上。1863年，法国建造了"潜水员"号潜艇，使用功率58.8千瓦的压缩空气发动机作动力。1886年，英国建造了一艘使用蓄电池动力推进的潜艇"鹦鹉螺"号。

一战中，潜艇就被用于战斗。一战后潜艇得到广泛运用，在许多大国海军中扮演重要角色，其功能包括攻击敌人军舰或潜艇、近岸保护、突破封锁、侦察和掩护特种部队行动等。

二战中潜艇的军事价值更是不言而喻。二战后又出现了核潜艇，核潜艇成为公认的战略武器，其研发需要高度和全面的工业能力，目前只有少数国家能够自行设计和生产。特别是弹道导弹核潜艇更是核三位一体的关键一极，是国之重器。

航空母舰是一种以舰载机为作战武器的大型水面舰艇，可以供舰载机起飞和降落，通常拥有巨大的飞行甲板和舰岛。依靠航空母舰，一个国家可以在远离其国土的地方不依靠当地机场的情况下施加军事压力和进行作战，因而航空母舰具有巨大的军事价值。

航空母舰的雏形是在一战前夕出现的"水上飞机母舰",世界上第一艘航母是1918年在英国海军服役的"百眼巨人"号,然而它是由一艘客轮改建而成的;世界上第一艘全部按航母标准来设计的"纯种"航母是1922年在日本海军服役的"凤翔"号。

二战中,在太平洋战场上,美国最终战胜日本,航母所起的作用无与伦比。航母的出现使得在一战中不可一世的战列舰黯然失色。

二战后核动力航母的出现,更是把航母的发展推向又一个高峰,一时间各种类型的航母如雨后春笋般冒出来:按担负的任务,可分为攻击航母、反潜航母、护航航母和多用途航母;按舰载机种类,可分为固定翼飞机航母和直升机航母;按吨位可分为大型航母、中型航母和小型航母;按动力可分为常规动力航母和核动力航母。

航空母舰发展至今,已成为世界上最庞大、最复杂、威力最强的武器之一,是一个国家综合国力的象征。

潜艇和航空母舰诞生之后,便成为保家卫国的海上主要军事力量,了解相关知识有助于我们增强国防意识。我们在编写"军迷·武器爱好者丛书"《潜艇与航空母舰》这本书时,选取了世界上100种有名的潜艇与航空母舰,从多个角度展示它们的风采,同时为每种舰艇配备高清大图,以飨广大武器迷的探索热情。

目 录
Contents

潜艇与航空母舰的历史 / 8

"鹦鹉螺"号核潜艇（美国）/ 16

鳐鱼级攻击核潜艇（美国）/ 18

鲣鱼级攻击核潜艇（美国）/ 20

长尾鲨级攻击核潜艇（美国）/ 22

鲟鱼级攻击核潜艇（美国）/ 24

洛杉矶级攻击核潜艇（美国）/ 26

海狼级攻击核潜艇（美国）/ 28

弗吉尼亚级攻击核潜艇（美国）/ 30

乔治·华盛顿级战略核潜艇（美国）/ 32

伊桑·艾伦级战略核潜艇（美国）/ 34

拉法耶特级战略核潜艇（美国）/ 36

俄亥俄级战略核潜艇（美国）/ 38

611 型祖鲁级常规潜艇（苏联）/ 40

613 型威士忌级常规潜艇（苏联）/ 42

633 型罗密欧级常规潜艇（苏联/俄罗斯）/ 44

641 型狐步级常规潜艇（苏联/俄罗斯）/ 46

877 型基洛级常规潜艇（苏联/俄罗斯）/ 48

636 型基洛级常规潜艇（苏联/俄罗斯）/ 50

677 型拉达级常规潜艇（苏联/俄罗斯）/ 52

627型十一月级攻击核潜艇（苏联）/ 54

671型维克托级攻击核潜艇（苏联／俄罗斯）/ 56

705型阿尔法级攻击核潜艇（苏联／俄罗斯）/ 58

685型麦克级攻击核潜艇（苏联）/ 60

945型塞拉级攻击核潜艇（苏联／俄罗斯）/ 62

971型阿库拉级攻击核潜艇（苏联／俄罗斯）/ 64

885型亚森级攻击核潜艇（俄罗斯）/ 66

659型回声Ⅰ级巡航导弹核潜艇（苏联／俄罗斯）/ 68

675型回声Ⅱ级巡航导弹核潜艇（苏联／俄罗斯）/ 70

661型帕帕级巡航导弹核潜艇（苏联／俄罗斯）/ 72

670型查理级巡航导弹核潜艇（苏联／俄罗斯）/ 74

949型奥斯卡级巡航导弹核潜艇（苏联／俄罗斯）/ 76

658型旅馆级战略核潜艇（苏联）/ 78

667型扬基级／德尔塔级战略核潜艇（苏联／俄罗斯）/ 80

941型台风级战略核潜艇（苏联／俄罗斯）/ 82

955型北风之神级战略核潜艇（苏联／俄罗斯）/ 84

奥伯龙级常规潜艇（英国）/ 86

支持者级常规潜艇（英国）/ 88

"无畏"号核潜艇（英国）/ 90

勇士级攻击核潜艇（英国）/ 92

快速级攻击核潜艇（英国）/ 94

特拉法尔加级攻击核潜艇（英国）/ 96

前卫级战略核潜艇（英国）/ 98

阿戈斯塔级常规潜艇（法国）/ 100

鲉鱼级常规潜艇（法国／西班牙）/ 102

可畏级战略核潜艇（法国）/ 104

凯旋级战略核潜艇（法国）/ 106

梭鱼级攻击核潜艇（法国）/ 108

21 型常规潜艇（德国）/ 110

205 型常规潜艇（德国）/ 112

206 型常规潜艇（德国）/ 114

209 型常规潜艇（德国）/ 116

212 型常规潜艇（德国/意大利）/ 118

214 型常规潜艇（德国）/ 120

汐潮级常规潜艇（日本）/ 122

春潮级常规潜艇（日本）/ 124

亲潮级常规潜艇（日本）/ 126

苍龙级常规潜艇（日本）/ 128

旗鱼级常规潜艇（荷兰）/ 130

海象级常规潜艇（荷兰）/ 132

萨乌罗级常规潜艇（意大利）/ 134

柯林斯级常规潜艇（澳大利亚）/ 136

"兰利"号（CV-1）航空母舰（美国）/ 138

列克星敦级航空母舰（美国）/ 140

"游骑兵"号（CV-4）航空母舰（美国）/ 142

"约克城"号（CV-5）航空母舰（美国）/ 144

"企业"号（CV-6）航空母舰（美国）/ 146

"黄蜂"号（CV-7）航空母舰（美国）/ 148

"大黄蜂"号（CV-8）航空母舰（美国）/ 150

"埃塞克斯"号（CV-9）航空母舰（美国）/ 152

"约克城"号（CV-10）航空母舰（美国）/ 154

"列克星敦"号（CV-16）航空母舰（美国）/ 156

独立级轻型航空母舰（美国）/ 158

中途岛级航空母舰（美国）/ 160

塞班级轻型航空母舰（美国）/ 162

福莱斯特级航空母舰（美国）/ 164

小鹰级航空母舰（美国）/ 166

"企业"号（CVN-65）航空母舰（美国）/ 168

尼米兹级航空母舰（美国）/ 170

福特级航空母舰（美国）/ 172

1123型莫斯科级航空母舰（苏联/俄罗斯）/ 174

"基辅"号航空母舰（苏联/俄罗斯）/ 176

"明斯克"号航空母舰（苏联/俄罗斯）/ 178

"新罗西斯克"号航空母舰（苏联/俄罗斯）/ 180

"巴库"号航空母舰（苏联）/ 182

"百眼巨人"号航空母舰（英国）/ 184

勇敢级航空母舰（英国）/ 186

"竞技神"号航空母舰（英国）/ 188

"皇家方舟"号航空母舰（英国）/ 190

光辉级航空母舰（英国）/ 192

无敌级航空母舰（英国）/ 194

伊丽莎白女王级航空母舰（英国）/ 196

克列孟梭级航空母舰（法国）/ 198

"凤翔"号航空母舰（日本）/ 200

"赤城"号航空母舰（日本）/ 202

"信浓"号航空母舰（日本）/ 204

"阿斯图里亚斯亲王"号航空母舰（西班牙）/ 206

"加里波第"号航空母舰（意大利）/ 208

"加富尔"号航空母舰（意大利）/ 210

"维克拉玛蒂亚"号航空母舰（印度）/ 212

"差克里·纳吕贝特"号航空母舰（泰国）/ 214

潜艇与航空母舰的历史

潜艇的历史

设计潜艇的理念最早可追溯到15—16世纪意大利的天才巨匠莱昂纳多·达·芬奇。据说他曾构思"可以水下航行的船",但这种构思被视为"邪恶的",所以他没有进一步研究。1578年,英国数学家威廉·伯恩在《发明与设计》一书中展开了对潜艇的设计构想。1620年,首艘有文字记载的"可潜水船只"由荷兰裔英国人科尼利斯·德雷尔依据前者设计建成,推进力由人力操作的橹产生。它有两种改良型曾在泰晤士河上进行实验。

"可潜水船只"能够探索水下世界,并且其军事价值很快就被发掘了。史上第一艘用于军事的潜艇出现于美国独立战争(1775—1783年)中。美国耶鲁大学的学生大卫·布什奈尔建成"海龟"号,通过脚踏阀门向水舱注水,可使艇潜至水下6米,能在水下停留约30分钟。艇上装有两个手摇曲柄螺旋桨。艇外携一个能用定时引信引爆的炸药包,可在艇内操纵,将其系放于敌舰底部。然而,"海龟"号在美国独立战争期间并没有战果。

史上第一艘成功炸沉敌舰的潜艇出现在美国南北战争(1861—1865年)中。美国人何瑞斯·亨利建成"亨利"号潜艇,乘员8人,手摇柄驱动。其前端外伸一个炸药包,碰触敌舰即爆炸。1864年2月17日晚上9时许,它成功炸沉联邦军的"豪萨托尼克"号护卫舰,但自己也因爆炸产生的漩涡而沉没。

潜艇应用之初,一直是由人力推进的,因此限制了它的发展。经过潜艇设计者的不断努力,终于出现了以机械为动力的现代潜艇。

1863年,法国建造了"潜水员"号潜艇,使用功率58.8千瓦的压缩空气发动机作动力,速度为2.4节,能在水下潜航3小时,下潜深度为12米。

早期潜艇使用的武器,主要是艇体上挂带的定时引爆炸药包或水雷。1866年,英国人怀特·黑德制成第一枚鱼雷。1881年,诺德·费尔特和加里特建造的"诺德·费尔特"号潜艇,首次装备鱼雷发射管。

▲ "亨利"号潜艇

▲ "霍兰"号潜艇

▲ 约翰·霍兰

1886年，英国建造了1艘使用蓄电池动力推进的潜艇"鹦鹉螺"号，航速为6节，续航力约80海里。从此，电动推进装置为潜艇的水下航行展现了广阔前景。

1898年，法国人马克西姆·劳伯夫采用双壳体结构建成了"一角鲸"号潜艇，储存压舱水在两层船壳之间，优点是浮力大增。

在潜艇的发展史上，最杰出的人物当属英裔美国潜艇设计师——约翰·霍兰（1841—1914年）。1878年，霍兰研制出"霍兰—1"号，这是一艘单人驾驶的潜艇，艇长5米，装有一台汽油发动机，能以每小时3.5海里的速度航行。1881年，霍兰建成"霍兰—2"号潜艇，也称"芬尼亚公羊"号。该艇长约10米，排水量19吨，装有一台11千瓦的内燃机。艇上安装了一门加农炮和能在水下发射鱼雷的鱼雷发射管，使其既能在水下发射鱼雷，又能在水面进行炮战。"芬尼亚公羊"号成为潜艇发展史上的里程碑。1900年4月，美国政府购买"霍兰—9"号潜艇，并将其编入美国海军。从此，潜艇正式成为一种海军舰艇。

美国"霍兰"号潜艇取得了辉煌的成就，在19世纪末20世纪初，法国潜艇也不容小觑。

1899年，由法国科学家劳贝夫设计的"纳维尔"号潜艇下水，这艘潜艇与其他潜艇的不同处在于该艇在其内壳之外又包上了一层外壳。这使得"纳维尔"号既有一个酷似鱼雷艇的外壳，又有一个按照潜艇要求设计的内壳，艇员及所有装备都装在耐压的内壳之中。内外壳之间的空间被充作压载水柜，并以此控制潜艇下潜和上浮。当该艇排出压载水柜中的水之后，即可像鱼雷艇一样具有良好的适航性，使得其水面航行的速度达每小时11海里，续航力为500海里。

20世纪初，潜艇装备逐步完善，性能逐渐提高，出现具备一定实战能力的潜艇。这些潜艇采用双层壳体，具有良好的适航性，排水量为数百吨，使用柴油机、电动机双推进系统，水面航速10节～15节，水下航速6节～8节，续航力有明显提高；武器主要有火炮、水雷和鱼雷。一战前，各主要海军国家共拥有潜艇260余艘，成为海军重要作战兵力之一。

一战一开始，潜艇就被用于战斗。1914年9月22日，德国"U-9"号潜艇在一个多小时内，接连击沉3艘英国巡洋舰。战争期间，各国潜艇共击沉192艘战斗舰艇。使用潜艇攻击海洋交通线上的运输商船的行为颇为常见，各国潜艇共击沉商船5000余艘，其中仅被德国潜艇击沉的商船货物就高达1300余万吨。与此同时，反潜战开始受到重视。

一战后，各主要海军国家更加重视建造和发展潜艇。潜艇的数量不断增加，种类增多，到二战前夕，共有潜艇600余艘。

二战期间，潜艇战术技术性能有很大改进，排水量增加到2000余吨，下潜深度100米～200米，水下最大航速7节～10节，水面航速16节～20节，续航力达1万余海里，装有6具～10具鱼雷发射管，可携带20余枚鱼雷，并安装1门～2门火炮。战争后期，潜艇装备雷达、雷达侦察仪和自导鱼雷，德国潜艇还安装用于柴油机水下工作的通气管。

二战时期，潜艇战斗活动几乎遍及各大洋。它们担负攻击运输舰船、水面战斗舰艇和侦察、运输、反潜、布雷，以及运送侦察、爆破人员登陆等任务；共击沉运输船5000余艘，大中型水面舰艇300余艘。战争中，反潜兵力也得到了加强，被击沉的潜艇达到1100余艘。

▲ 德国于1915年建造的U型潜艇

▲ 为适应大西洋战场形势，同盟国军队投入更多的反潜航空母舰编队和远程反潜巡逻机，给德国潜艇以更为沉重的打击。同时对德国工业尤其是潜艇制造工业基地进行轰炸，使德国损失的潜艇难以得到补充。大西洋之战以德国的失败而告终

▲ "鹦鹉螺"号核潜艇

二战后，世界各国海军十分重视新型潜艇的研制。核动力和战略导弹的运用，使潜艇发展进入一个新阶段。1955 年，美国建成的世界上第一艘核动力潜艇"鹦鹉螺"号服役，并于 1958 年首次成功在冰层下穿越北极。与美国进行冷战的苏联不甘示弱，1959 年 3 月，苏联核动力潜艇——627 型攻击核潜艇首艇服役。

1960 年，美国又建成了战略核潜艇"乔治·华盛顿"号，并在水下成功发射"北极星"弹道导弹，射程达 2000 余千米。弹道导弹核潜艇的出现，使潜艇的作用发生了根本性变化——它已成为活动于水下的战略核打击力量。

此后，英、法等国也相继建成核动力战略导弹潜艇和核动力攻击潜艇。1982 年 5 月 2 日在马岛海战中，英国核动力攻击潜艇"征服者"号用鱼雷击沉阿根廷巡洋舰"贝尔格拉诺将军"号，这是核动力潜艇击沉水面战斗舰艇的首次战例。至 20 世纪 80 年代末，世界上近 40 个国家和地区，共拥有各种类型潜艇 900 余艘。

发展至今，美国建成了俄亥俄级战略核潜艇，该级 18 艘潜艇全部在役，是潜艇中的佼佼者；俄罗斯最新的 955 型战略核潜艇计划建 10 艘，前 3 艘潜艇已经服役，其威力也不容小觑；其他如英国的卫级战略核潜艇、法国的梭鱼级攻击核潜艇、德国的 214 型常规潜艇、日本的苍龙级常规潜艇也都各有特点，引人注目。

▲ "台风"级潜艇上的消声瓦

航空母舰的历史

1910年11月14日,美国飞行员尤金·伊利驾驶一架"柯蒂斯"双翼飞机从"伯明翰"号侦察巡洋舰上起飞,飞行一段距离后安全降落在附近的一片海滩上,这是历史上人类第一次驾驶飞机从军舰上起飞。1911年1月18日,伊利再次驾驶一架双翼飞机成功降落在停泊的"宾夕法尼亚"号战列舰上。稍作休整后,他驾驶这架飞机起飞,完成了一次完整的起降试验。

1912年5月2日,英国海军上尉格里高利驾驶一架"肖特"双翼飞机从以10.5节航速行驶的"豪伊伯尼亚"号战列舰上起飞,创造了飞机从航行中的军舰上起飞的先例。

1912年,英国海军把1艘老旧的巡洋舰改装成了世界上第一艘可容纳飞机的船只。后来,英国海军征用了3艘在英吉利海峡营运的渡轮,并把它们全部改装成可以装载水上飞机的军舰,这种船只后来被称为"水上飞机母舰",它是航空母舰最早的雏形。

一战的日德兰海战中,英国是唯一拥有舰载水上飞机的参战方。英国军方提出将水上飞机用于作战,并要搭配保护它的战斗机。因此不能再使用没有飞行甲板、无法供空战能力更强的战斗机起飞的水上飞机母舰,必须重新设计另一种新军舰。

世界上第一艘安装全通式飞行甲板的航空母舰是由一艘建造中的客轮"卡吉林"号改建的英国"百眼巨人"号航空母舰。它的改造于1918年5月完成。飞行甲板长168米,甲板下是机库,有多部升降机可将飞机升至甲板上。1918年7月19日,7架飞机从"百眼

▲ 1910年11月14日,美国弗吉尼亚州汉普顿锚地,尤金·伊利驾驶一架"柯蒂斯"双翼机从美国海军"伯明翰"号侦察巡洋舰上起飞

▲ "伯明翰"号侦察巡洋舰

▲ "百眼巨人"号航空母舰

▲ 列克星敦级航空母舰——"萨拉托加"号

▲ 尤金·伊利

▲ "竞技神"号航空母舰

巨人"号航空母舰上起飞，攻击德国停泊在同德恩的飞艇基地，这是首次从母舰上起飞进行的攻击。

1917年7月，英国开始建造世界上第一艘全部按航母标准设计的"纯种"航母，并将其命名为"竞技神"号。就在英国海军信心满满地建造时，"第一艘纯种航母"的名头却被日本夺去了。日本海军于1919年开始设计"纯种"航母，1920年开始建造"凤翔"号航母。"竞技神"号航母虽然于1918年1月就动工了，但由于一战的结束，工期进度明显放慢，直到1923年7月才建成；而日本的"凤翔"号则在1922年年底建成并开始服役。

美国第一艘航空母舰是1922年3月22日正式启用的"兰利"号（CV-1），其前身是1913年下水的"木星"号运煤船，因此它并不是一艘"纯种"航母。

一战后，1922年各海军强国签署的《华盛顿海军条约》严格控制了战列舰的建造，但条约准许各缔约国利用2艘战列舰改建为排水量3.3万吨的航空母舰。结果导致在20世纪20年代出现了赫赫有名的世界七大航母：美国的"列克星敦"号（CV-2）和"萨拉托加"号（CV-3），日本的"赤城"号和"加贺"号，再加上英国的"勇敢"号、"光荣"号、"暴怒"号。

1930年，英国建造的"皇家方舟"号航空母舰采用了全封闭机库、一体化的岛式上层建筑、强力飞行甲板、液压弹射器，被誉为"现代航母的原型"。1936年，《华盛顿海军条约》期满失效，海军列强又展开了新一轮军备竞赛。美国的约克城级航空母舰、日本的翔鹤级航空母舰、英国的光辉级航空母舰是这一时期的杰作。

航空母舰在二战中被广泛运用。它是一座浮动的机场，携带战斗机以及轰炸机远离国土执行攻击敌人的任务，战果非常显著，从而彻底终结了战列舰作为海上霸主的优势地位。

航空母舰在太平洋战争中起到了决定性作用。从日本海军航空母舰偷袭珍珠港，到双方舰队自始至终没有见面的珊瑚海海战，再到运用航空母舰编队进行海上决战的中途岛海战，从此，航空母舰取代战列舰成为现代远洋舰队的主力。美国在二战期间开建了24艘埃塞克斯级航空母舰，并且大都在二战期间服役，它们组成庞大的航空母舰编队，成为海战的主角，加速了战争的结束。

二战结束后，世界各国注重发展适合本国的航空母舰，以维护本国利益。英国发展了无敌级航空母舰，采用滑跃甲板和垂直/短距起降飞机。苏联采用垂直起降飞机的基辅级航空母舰安装有远程导弹，而后建成的"库兹涅佐夫"号航空母舰采用滑跃甲板，避免了安装复杂的弹射装置。

法国在历史上一共拥有过10艘航空母舰。20世纪50年代后期开始，法国进入自主研制航母阶段。两艘克莱蒙梭级航空母舰"克莱蒙梭"号和"福煦"号分别于1961年和1963年开始服役。1989年4月14日动工，2001年5月18日服役的"戴高乐"号航空母舰是法国海军现役唯一一艘航空母舰，是法国海军的象征。它的建成标志着法国建立起全欧洲国家中最完整的国防工业研发体系。法国绝大多数关键性武器都实现了自主研发生产。

▲ 1922年12月4日，刚刚完工的"凤翔"号航空母舰在海试

▲ 中途岛级航空母舰

▲ "戴高乐"号航空母舰

▲ 尼米兹级航空母舰

▲ 福莱斯特级航空母舰

美国在战后对埃塞克斯级和中途岛级航空母舰进行了现代化改装，福莱斯特级航空母舰是美国二战后第一级专为搭载喷气式飞机而建造的常规动力航空母舰。美国在建造下一级航空母舰时，对福莱斯特级进行了大规模的改造和升级，小鹰级航空母舰应运而生。它的排水量较大，是美国最后一级常规动力航空母舰。

美国在建造小鹰级航母的同时，又于1958年开工建造"企业"号（CVN-65）航空母舰，这是世界上第一艘核动力航空母舰，1961年服役，使得航空母舰具备了近乎无限的机动能力。

随后，美国海军又建造了一系列排水量达10万吨的尼米兹级核动力航空母舰。

美国最新的核动力航母"福特"号于2007年开始建造，2017年7月22日正式进入美国海军服役，以取代服役时间超过五十年的"企业"号（CVN-65）。这是美国进入21世纪建造的第一级航空母舰。

NAUTILUS
"鹦鹉螺"号核潜艇（美国）

■ 简要介绍

"鹦鹉螺"号核潜艇是美国海军隶下的一艘核潜艇，是世界上第一艘核潜艇，也是第一艘从水下穿越北极的潜艇。"鹦鹉螺"号核潜艇开应用核动力之先河，潜艇由此进入了又一个新纪元，具有不可估量的巨大价值，因此它被认为是现代潜艇技术发展过程中的里程碑。"鹦鹉螺"号核潜艇的命名是为了纪念儒勒·凡尔纳的科幻小说《海底两万里》中的"鹦鹉螺"号潜艇。

■ 研制历程

1946年，美国海军部决定成立原子能研究机构，并挑选上校军官海曼·乔治·里科弗来主持工作。里科弗提出美国海军核动力计划的第一步应该放在潜艇上。1948年5月1日，美国原子能委员会和美国海军联合宣布了建造核潜艇的决定。1949年，里科弗被任命为国防部研究发展委员会动力发展部海军处负责人，并兼任原子能委员会、海军船舶局两个核动力部门的主管和核潜艇工程总工程师。

1952年6月14日，"鹦鹉螺"号核潜艇在美国通用电船公司开工建造，1954年9月30日服役，1980年3月3日退役，之后经过改装在美国格罗顿潜艇部队作博物馆艇。

基本参数			
艇长	98.7米	水下航速	23.3节
艇宽	8.4米	潜深	213米
吃水深度	6.6米	自持力	50天
水下排水量	4092吨	艇员编制	105人
动力系统	1座S2W型压水堆 2台蒸汽轮机		

▶ 海曼·乔治·里科弗

▲ "鹦鹉螺"号核潜艇下水

■ **作战性能**

"鹦鹉螺"号核潜艇在运行的头两年里，仅仅消耗了几千克重的浓缩铀，若用柴油推进方式换算，在同样大的功率下运行两年，将要消耗掉825万升的柴油，运输这么多燃料需要217节油罐车，所组成的列车长达3.2千米，要耗资197万美元。虽然"鹦鹉螺"号第一次装填的核燃料耗资400万美元，但它可以完全保持潜航状态，几乎无限制地在水下高速航行，这是常规动力潜艇无法办到的，也是核潜艇无可估量的、最大的优点。

知识链接 >>

1958年7月23日，"鹦鹉螺"号出海北航，于8月1日潜入巴罗海谷，8月3日抵达地理北极，成为世界上第一艘航抵北极点的船只。自北极点开始它又继续在冰下航行了96小时，共计2945千米，在格陵兰东北外海浮上海面，成功完成以潜航方式穿越北极的任务。

▲ 泊锚在格罗顿潜舰部队图书馆暨博物馆供人参观的"鹦鹉螺"号

SKATE-CLASS
鳐鱼级攻击核潜艇（美国）

■ 简要介绍

鳐鱼级攻击核潜艇是美国海军隶下的一型核动力攻击型潜艇，是美国继"鹦鹉螺"号核潜艇和"海狼"号核潜艇之后发展的第二批核潜艇，也是美国第一代攻击核潜艇。1958年，它完成了水下横渡大西洋的任务，并在当时创造了水下连续航行31天的纪录。它的出现，标志着美国海军核潜艇研制的实验阶段已经基本结束，开始迈入组建核潜艇舰队的阶段。

■ 研制历程

在研制鳐鱼级攻击核潜艇的方案初始论证阶段，"鹦鹉螺"号潜艇和"海狼"号潜艇正在建造，当时鳐鱼级的设计理念是建立在二战的经验之上的。其主要技术性能指标被定位为把刺尾鱼级潜艇所具有的水下航速与核动力的无限水下续航力结合起来。

鳐鱼级攻击核潜艇首艇"鳐鱼"号于1955年7月21日开工建造，1957年5月16日下水，1957年12月23日服役。鳐鱼级核潜艇共建造了4艘，1984年至1988年期间陆续退役。

基本参数	
艇长	81.7米
艇宽	7.9米
吃水深度	6.1米
水下排水量	2851吨
水下航速	18节
潜深	213米
自持力	41天
艇员编制	66人
动力系统	1座S3W型压水堆（1号和3号艇） 1座S4W型压水堆（2号和4号艇） 2台蒸汽轮机

◀ 鳐鱼级攻击核潜艇内部

▲ 鳐鱼级攻击核潜艇下水

■ 作战性能

鳐鱼级攻击核潜艇共装备有 8 具鱼雷发射管，艇艏为 6 具 533 毫米发射管，艇艉为 2 具可发射 MK57 型短鱼雷的 480 毫米发射管。加上艏舱的 12 枚和艉舱的 2 枚备用鱼雷，每艘可以装备 22 枚鱼雷。鳐鱼级攻击核潜艇装备了 MK101-8 型鱼雷火控系统。鳐鱼级装备的水声系统为 AN／BQR-2 型被动声呐和 AN／BQS-4 型主动声呐。

鳐鱼级攻击核潜艇建造的成功是了不起的，但如果按照真正具有实用价值的攻击型核潜艇的标准来衡量的话，仍存在许多不足和缺欠。然而经验和教训却为其后设计建造性能优秀的鲣鱼级奠定了良好的基础。

知识链接 >>

核潜艇是潜艇中的一种类型，是以核反应堆为动力来源设计的潜艇。由于这种潜艇的生产与操作成本高，加上相关设备的体积与重量大，只有军用潜艇采用这种动力来源。

▲ 鳐鱼级攻击核潜艇浮出冰面

SKIPJACK-CLASS
鲣鱼级攻击核潜艇（美国）

■ 简要介绍

鲣鱼级攻击核潜艇是美国海军隶下的一型核动力攻击型潜艇，是美国海军第二代攻击型核潜艇。它是世界上第一种采用水滴形壳体的核潜艇，将核动力和水滴形艇型结合，使潜艇的航速大大提高；第一次采用围壳舵，艇内的布置亦有较大的改进。该级艇的建成为以后建造高速艇提供了丰富的实践经验，因此它被称为美国高速型核潜艇的母型。

■ 研制历程

鲣鱼级攻击核潜艇首艇于1956年5月29日开工建造，1958年5月26日下水，1959年4月15日服役；最后一艘于1961年服役。鲣鱼级攻击核潜艇共建造了6艘，现已全部退役。

本级艇原2号艇"蝎子"号在建造过程中被改装成了美国第一艘弹道导弹核潜艇"乔治·华盛顿"号，而作为3号艇重建的新"蝎子"号则不幸于1968年5月22日沉没。

■ 作战性能

鲣鱼级攻击核潜艇设有6具533毫米鱼雷发射管，分两排布置，主要使用MK48鱼雷。除了鱼雷发射管内鱼雷之外，还可携带12枚备用鱼雷，共18枚鱼雷。鱼雷舱设有液压升降和装载鱼雷的台架，可以快速进行备用鱼雷的装填，这种快速鱼雷装填系统是美国海军首次在潜艇上采用的。

鲣鱼级球形艇艏的上部是AN/BQS-4主动声呐基阵，艇艏的下部则布置了AN/BQR-2被动声呐基阵。艇内设有1部SS-2雷达，雷达升降桅杆之后设有1部电子对抗升降装置，使用了MKll2鱼雷火控系统，设有一组攻击潜望镜和搜索潜望镜。

基本参数	
艇长	76.8米
艇宽	9.75米
吃水深度	7.9米
水下排水量	3494吨
水下航速	约28.3节
潜深	213米
自持力	104天
艇员编制	83人
动力系统	1座S5W型压水堆 1台蒸汽轮机 2台柴油发电机组 1台辅助推进电机

▲ 鲣鱼级攻击核潜艇内部

知识链接 >>

1961年夏末，鲣鱼级"鲨鱼"号核潜艇在地中海参加了3个多月的作战训练。1962年，鲣鱼级"大头鱼"号进行了一次连续70个昼夜的水下远航，表明鲣鱼级具有水下远航能力。1968年5月22日，鲣鱼级3号艇"蝎子"号参加地中海的军事演习之后，在返回美国诺福克基地的途中沉没。

▲ 鲣鱼级攻击核潜艇下水

THRESHER-CLASS
长尾鲨级攻击核潜艇（美国）

■ 简要介绍

长尾鲨级攻击核潜艇是美国海军隶下的一型核动力攻击潜艇，从发展时间和级别来看，它是第三代攻击核潜艇；从发展研制的技术特征和用途来看，它属于第二代攻击核潜艇。从它开始，美国核潜艇在整体工艺科技、静音能力、声呐侦测等方面便遥遥领先世界其他国家。它是美国第一批高性能核潜艇，也是一级真正的多用途攻击型核潜艇，标志着美国海军攻击型核潜艇一次新的飞跃，堪称美国海军核潜艇发展史上的里程碑。

■ 研制历程

长尾鲨级的初始论证工作开始于1956年10月。当时，美国海军第二代核潜艇鲣鱼级已经开工建造，其设计重点是水滴线型艇体及水下高速航行时的操纵性。而长尾鲨级的设计则重点强调综合声呐探测、低噪声、水下高速及深潜等水下综合性能。

长尾鲨级首艇"长尾鲨"号于1958年5月28日在朴次茅斯海军造船厂开工建造，1960年7月9日下水，1961年8月3日服役。1958年至1968年期间，美国陆续建造并服役了14艘该级核潜艇。本级的各艇从20世纪80年代开始陆续退役。

▲ "长尾鲨"号攻击核潜艇下水

▲ 建造中的长尾鲨级攻击核潜艇

■ 作战性能

长尾鲨级攻击核潜艇装备了4具MK63型533毫米鱼雷发射管。可装载核深水炸弹、MK46或MK44自导鱼雷、水雷等，包括管内4枚在内一共可装载鱼雷或导弹22枚。首次采用了"沙布洛克"远程反潜火箭，能早期搜索远距离潜艇并对其进行精确打击。

该级潜艇装有1部AN/BPS-14平面搜索雷达，1部测距雷达，2部MK2型诱饵发射器、MK-XI型导航潜望镜和六分仪。MK113型水下射击指挥系统可根据潜望镜、雷达、声呐等传感器提供的数据，结合潜艇自身的纵倾、横倾、航向、航速以及下潜深度等参数，经过运算后得出射击数据。

基本参数	
艇长	84.9米
艇宽	9.6米
吃水深度	7.9米
水下排水量	4310吨
水下航速	约31节
潜深	396米
艇员编制	127人
动力系统	1座S5W型压水堆 3种推进装置：主推进装置为二级齿轮减速蒸汽轮机；辅助推进装置为收放式推进电机；应急推进装置为应急推进电机

▲ 长尾鲨级攻击核潜艇下水

知识链接 >>

1963年4月10日，长尾鲨级攻击核潜艇首艇"长尾鲨"号在波士顿以东220海里处开始进行大深度潜航试验，几分钟后，水下传来一声艇体破裂的声音。经过6个月的努力，美军终于找到了"长尾鲨"号，并找出失事原因：主机舱内海水系统强度不够，造成耐压壳破坏，导致该艇沉没。

STURGEON-CLASS
鲟鱼级攻击核潜艇（美国）

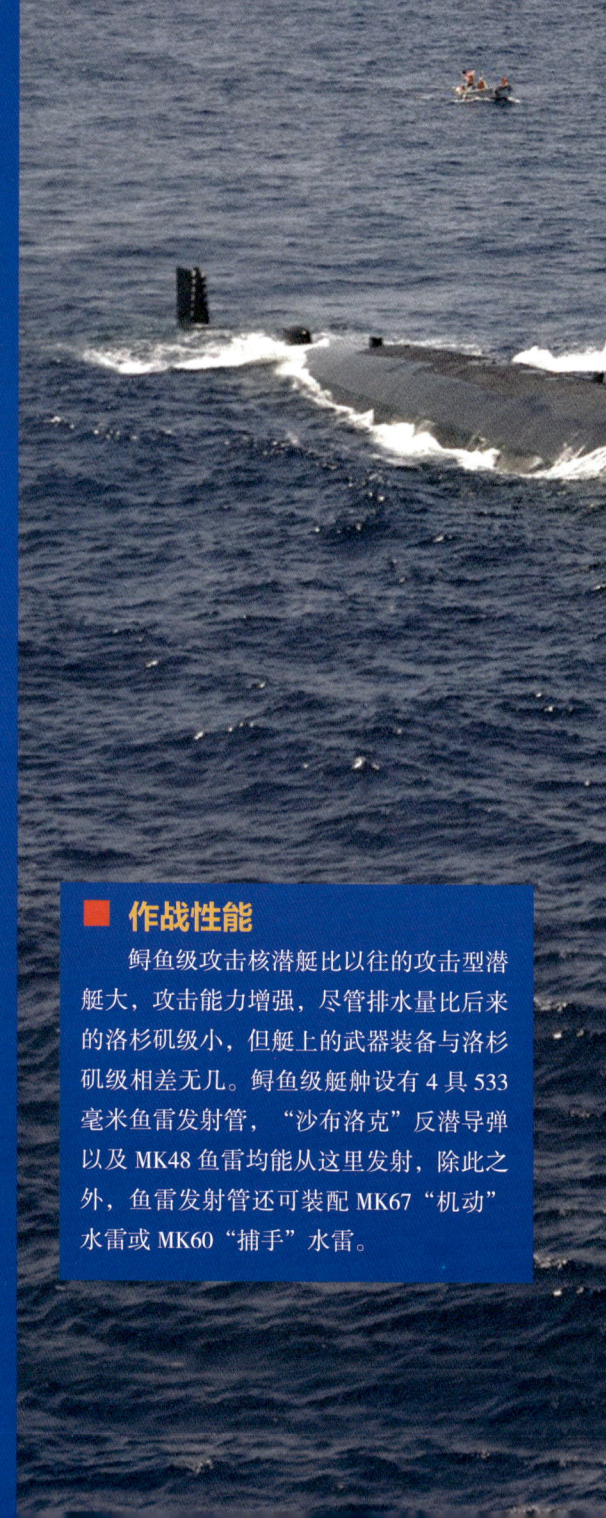

■ 简要介绍

鲟鱼级攻击核潜艇是美国海军隶下的一型攻击核潜艇，从发展时间和级别来看，是美国第四代攻击核潜艇；从发展研制的技术特征和用途来看，属于美国第二代攻击核潜艇的主力。

鲟鱼级攻击核潜艇是长尾鲨级攻击核潜艇的改进型。本级潜艇在设计阶段便注意加强了侦察方面的性能，作为美国海军攻击核潜艇继承和完善的一级，开启了大规模建造核潜艇的开端。

■ 研制历程

1963年4月10日，在鲟鱼级攻击核潜艇的设计尚未完成之际，长尾鲨级"长尾鲨"号潜艇突然发生沉没事故，暴露出该级潜艇在深海航行时结构上的缺陷。为此，美国海军采取紧急安全措施，对正在建造的长尾鲨级进行改进、严格检查以及推迟服役。

1963年8月10日，鲟鱼级首艇"鲟鱼"号在美国电船分公司开工建造，1966年2月26日下水，1967年3月3日服役。至1975年8月16日最后一艘"理查德·拉塞尔"号服役，历时十二年，鲟鱼级攻击核潜艇共建造了37艘，后被洛杉矶级攻击核潜艇所取代，到1999年时，全部退役。

基本参数	
艇长	89米
艇宽	9.65米
吃水深度	8.8米
水下排水量	4630吨
水下航速	26节
潜深	300米
艇员编制	98人~107人
动力系统	1座S5W2-II型压水堆/1台蒸汽轮机/2台柴油发电机组/垂吊式电动辅助推进装置/应急电力推进装置

■ 作战性能

鲟鱼级攻击核潜艇比以往的攻击型潜艇大，攻击能力增强，尽管排水量比后来的洛杉矶级小，但艇上的武器装备与洛杉矶级相差无几。鲟鱼级艇舯设有4具533毫米鱼雷发射管，"沙布洛克"反潜导弹以及MK48鱼雷均能从这里发射，除此之外，鱼雷发射管还可装配MK67"机动"水雷或MK60"捕手"水雷。

▲ 鲟鱼级攻击核潜艇指挥舱

该级潜艇装备的雷达为斯佩里公司的 BPS-15 或雷神公司的 BPS-14 水面搜索/导航/火控雷达；装有 MK117 型鱼雷火控系统，对抗措施有埃默森电气公司的 MK2 型鱼雷诱饵发射装置，WLQ-4 雷达预警设备，搜索和攻击潜望镜，超高频通信天线以及 4 个以上的测向天线和电子侦察天线，还装有通信用鞭状天线和浮动天线。1967—1969 年建造的 9 艘鲟鱼级在艇上增加了 15D 潜望镜和卫星导航系统。1978 年建造的鲟鱼级有 2 艘在指挥台围壳后面加装了拖曳通信天线。

知识链接 >>

20 世纪 60—70 年代，鲟鱼级攻击核潜艇和长尾鲨级构成了美国海军水下作战力量的主力，承担着美国本土沿海巡逻核防御、远洋护航等多种类型的任务。鲟鱼级攻击核潜艇在冷战期间经常与苏联的核潜艇在水下不期而遇。

LOS ANGELES-CLASS
洛杉矶级攻击核潜艇（美国）

■ 简要介绍

洛杉矶级攻击核潜艇是美国海军的一型快速攻击型核潜艇，从美国核潜艇发展时间和级别来看，它是第五代攻击核潜艇；从美国核潜艇发展研制技术特征和用途来看，它应属第三代攻击型核潜艇中的主力。该级潜艇是美国海军攻击核潜艇的中坚力量，是美国海军建造数量较多的核潜艇。其主要任务是反舰、反潜以及为航空母舰战斗群护航。

◀ 洛杉矶级舰艏垂直发射口

■ 研制历程

1967年6月，美国海军作战部长命令以1966年3月完成的AGSSN方案为基础，对新艇造价和可行性展开研究。美国国防部长麦克纳马拉和海军海上系统司令部主张发展一种更安静的攻击型核潜艇"康福姆"型；而以美国海军反应堆办公室主任海曼·乔治·里科弗为代表的少数人则从实用角度出发，认为美国必须尽快研制出在总体性能方面比苏联高出一等的高性能核潜艇，应是鲟鱼级的改进型。最终，高速型终于战胜了"康福姆"型，并且被命名为洛杉矶级核潜艇。

洛杉矶级攻击核潜艇首艇于1972年1月8日在纽波特纽斯造船厂开工建造，1974年4月6日下水，1976年11月13日服役，最后一艘于1996年服役，共建造了62艘。

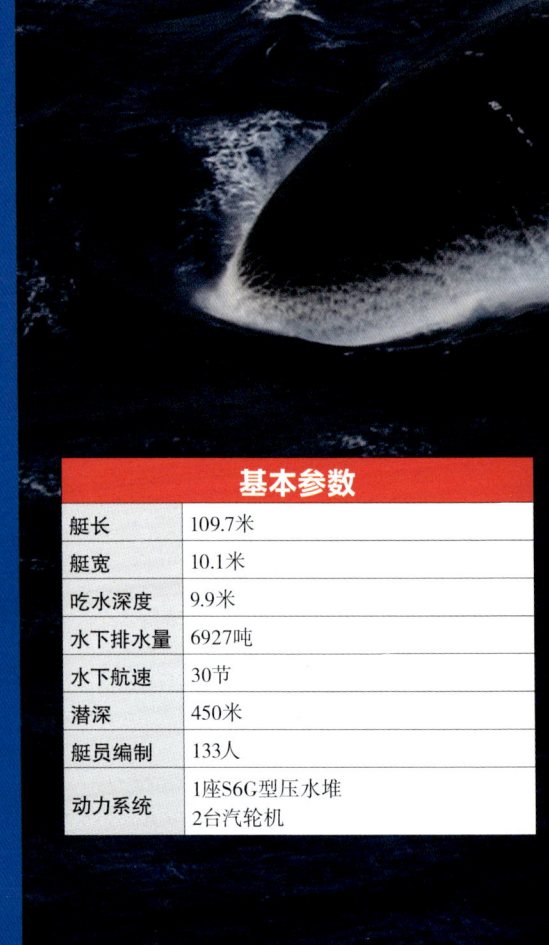

基本参数

艇长	109.7米
艇宽	10.1米
吃水深度	9.9米
水下排水量	6927吨
水下航速	30节
潜深	450米
艇员编制	133人
动力系统	1座S6G型压水堆 2台汽轮机

■ **作战性能**

洛杉矶级核潜艇688-I型装备了BSY-1作战指挥控制系统。洛杉矶级第一批中SSN688至SSN699这12艘，初服役时安装了MK113、MODE10鱼雷射击指挥仪，后在1983年改装成可以对"沙布洛克"反潜导弹实施指挥控制的MK117鱼雷射击指挥仪。洛杉矶级第一批的31艘，每艘潜艇可装备8枚"战斧"巡航导弹。而洛杉矶级第二批的31艘，装备了12管巡航导弹垂直发射装置，因此包括12枚垂直发射的导弹在内，总共可装备20枚"战斧"巡航导弹。

知识链接 >>

海曼·乔治·里科弗（1900—1986年），波兰裔犹太人，后入美国籍。美国海军军官学校毕业，后于美国海军研究生院继续深造，因成绩突出而被选送到哥伦比亚大学工程学院进一步学习，并获得该校电气工程硕士学历。美国的第一艘核潜艇"鹦鹉螺"号正是在他的主持下建造完成的。他因此被称为"核动力海军之父"。

▲ 美国洛杉矶级攻击型核潜艇声呐探制室

SEA WOLF-CLASS
海狼级攻击核潜艇（美国）

■ **简要介绍**

海狼级攻击核潜艇是依据冷战后期美国海军"前进战略"的需求而设计的，其建造目的是使美国在21世纪初期能在各大洋对抗任何苏联现有与未来的核潜艇，从而取得制海权。此计划被称为21世纪攻击核潜艇（SSN-21）计划，设计思想堪称潜艇进行反潜作战的极致产物。海狼级攻击核潜艇能长时间在大洋或靠近苏联的近海进行反潜巡逻，拥有绝佳的声呐感测能力，并配备比洛杉矶级核潜艇多一倍的鱼雷发射管和鱼雷，以长时间进行反潜作业。

■ **研制历程**

美国海军原本预计建造29艘海狼级以取代早期洛杉矶级核潜艇，时逢苏联解体，美国便于1992年决定除了前3艘之外，后续26艘海狼级的建造计划全部取消。

首舰"海狼"号虽然早在1989年1月9日便开工建造，但到1997年7月19日才开始服役。后两艘"康涅狄格"号于1997年9月1日下水，"吉米·卡特"号于2004年5月13日下水。

基本参数	
艇长	107.6米
艇宽	12.2米
吃水深度	10.7米
水下排水量	9142吨
水下航速	35节
潜深	610米
自持力	80天
艇员编制	133人
动力系统	1座S6W型压水堆 1具备用柴油推进系统

■ 作战性能

　　海狼级核潜艇总共有 8 具鱼雷发射管，较以往的美国潜艇多出一倍，意味着每次装填武器之后能接战的次数多出一倍，武器筹载量增大至 50 枚。由于海狼级是专门用来猎杀苏联潜艇的，所以并未配备专门装填对陆巡航导弹的垂直发射系统，舰上可用的武装包括 MK48 鱼雷 ADCAP、"鱼叉"反舰导弹、"战斧"巡航导弹等。

▲ 航行中的海狼级攻击核潜艇

知识链接 >>

　　美国海军在 1999 年 12 月 10 日决定变更正在建造的第三艘海狼级潜艇"吉米·卡特"号的部分设计，以满足新的需求，其中最主要的变更就是在舰体后段插入一段 30 米长的模块，称为多任务平台，这个结构又称为"蜂腰"，是可容纳特战部队使用的相关设施。

VIRGINIA-CLASS
弗吉尼亚级攻击核潜艇（美国）

■ 简要介绍

弗吉尼亚级攻击核潜艇是美国海军隶下的一型核动力快速攻击潜艇，从美国攻击型核潜艇发展时间和级别来看，它是第七代攻击核潜艇；但从发展研制的技术特征和用途来看，它属于第四代攻击核潜艇。它是冷战结束后，美国以多功能和多用途为主要任务研制的一级攻击型核潜艇，主要用以替换大量在役的洛杉矶级攻击核潜艇，逐渐成为21世纪近海作战的主要力量，同时也保留了远洋反潜能力。

■ 研制历程

1994年8月，弗吉尼亚级核潜艇进入第一阶段设计，1995年6月30日进入论证阶段。

首艇"弗吉尼亚"号于1998年开工建造，2003年8月16日下水，2004年6月7日正式交付美国海军之后顺利完成海试，2004年10月23日在诺福克港正式服役。

根据美国海军2014年的三十年造舰计划，弗吉尼亚级核潜艇的建造和交付至少将持续到2043年，总共将建造48艘至50艘。

基本参数	
艇长	114.91米
艇宽	10.36米
吃水深度	9.3米
水下排水量	7800吨
水下航速	28节
潜深	450米
自持力	90天
艇员编制	134人
动力系统	1座S9G型压水堆 / 2台蒸汽轮机主机 / 1台辅助应急推进电机

▲ 建造中的弗吉尼亚级攻击核潜艇

■ 作战性能

弗吉尼亚级攻击核潜艇主要在大西洋和太平洋地区活动，与主要用于在深海大洋等待与敌方战舰决斗的"前辈"们相比，采用自动导航控制设备的弗吉尼亚级核潜艇的近海作战能力尤其突出，这包括执行攻击式/防御式布雷、扫雷、特种部队投送/回撤（美国先进蛙人输送系统规划）、支援航母作战编队、情报收集与监视、使用新型"战斧"巡航导弹精确打击陆上目标的能力等。

知识链接 >>

2008年，弗吉尼亚级迎来了春天，第三批次的弗吉尼亚级的采购合同被批准，合同总额达到140亿美元，采购数量为8艘。2011年，美国海军在弗吉尼亚级的采购达到20亿美元的目标后，重启了年购2艘的装备规划。2014年美国海军又订购了10艘弗吉尼亚级攻击核潜艇，合同总价达到178.278亿美元。

▲ 弗吉尼亚级攻击核潜艇现代化的舱室

GEORGE WASHINGTON-CLASS
乔治·华盛顿级战略核潜艇（美国）

■ 简要介绍

乔治·华盛顿级战略核潜艇是美国海军隶下的一型弹道导弹核潜艇，是美国第一代弹道导弹核潜艇。它装备了美国海军第一代"北极星"A1导弹，它的服役标志着潜射弹道导弹第一次构成了真正的全球性威慑力量，也标志着潜艇在世界军事斗争舞台上的作用发生了质的变化。潜射弹道导弹技术与核潜艇技术的有机结合，改变了潜艇的传统作用和角色，使其从过去的战术平台一跃而成为现代化的战略平台，成为举世关注的重要战略军事威慑系统。

■ 研制历程

乔治·华盛顿级战略核潜艇的命名是为了纪念美利坚合众国首位总统乔治·华盛顿，共建造了5艘，首艇"乔治·华盛顿"号于1957年开工建造，是在鲣鱼级攻击核潜艇原2号艇"蝎子"号的艇体中部嵌加上一段约为40米的弹道导弹舱而建成的，于1959年12月30日服役。

20世纪80年代开始，乔治·华盛顿级各艇陆续退役，其中"乔治·华盛顿"号于1981年11月20日被改装成攻击型核潜艇，最终于1985年4月30日退出现役。

基本参数	
艇长	116.3米
艇宽	10.1米
吃水深度	8.8米
水下排水量	6880吨
水下航速	24节
潜深	213米
自持力	60天
艇员编制	132人
动力系统	1座S5W型压水堆 主机为齿轮减速汽轮机

▲ "乔治·华盛顿"号的下水仪式

■ **作战性能**

乔治·华盛顿级战略核潜艇的建成服役使美国海军从无到有，真正拥有了海基战略武器系统。其总体布局模式成为后来世界各国研制的新型弹道导弹核潜艇总体布置模式的先驱。但是作为美国第一代弹道导弹核潜艇，该级艇在建造阶段，便暴露出一些缺点：导弹舱的外部整流罩形成了该级核潜艇上十分庞大和明显的上层建筑，从而对其水下性能带来许多不良的影响；艇内空间拥挤，艇上的居住性较差；下潜深度较小；艏部鱼雷发射管的数量过多，占用了艇内的宝贵空间。

知识链接 >>

战略核潜艇又被称为弹道导弹核潜艇，是因为潜艇所携带的弹道导弹射程远，达到或超过 8000 千米，弹道导弹弹头具有分弹头，而且是核弹头，对别国有威慑力量。战略核潜艇是三位一体核打击的重要一环。三位一体核打击包括空军的携带核导弹与核炸弹的战略轰炸机、陆军的核弹道导弹和海军的洲际弹道导弹。

▲ 水下发射弹道导弹

ETHAN ALLEN-CLASS
伊桑·艾伦级战略核潜艇（美国）

■ 简要介绍

伊桑·艾伦级战略核潜艇是美国海军隶下的一型核动力弹道导弹潜艇，是美国第二代弹道导弹核潜艇。为了纪念美国独立战争时期的传奇英雄伊桑·艾伦而命名。该级核潜艇在美国海军弹道导弹核潜艇的发展历史中起到了承上启下的作用。其最大下潜深度 300 米成为其后美国海军各种型号弹道导弹核潜艇的标准下潜深度。它虽然是美国海军第二代弹道导弹核潜艇，但实际上它是从初始设计阶段即作为标准型的弹道导弹核潜艇设计的。

■ 研制历程

在华盛顿级核潜艇建造过程中，美国海军正在开展"北极星"A2 型弹道导弹的研制工作。按照美国海军的设想，"北极星"A2 弹道导弹应该装备在专门为它设计和建造的核潜艇上。因此，美国海军决定设计和建造从一开始就考虑装备"北极星"A2 弹道导弹的第二代战略核潜艇，并且尽量弥补华盛顿级的缺点，于是伊桑·艾伦级应运而生。伊桑·艾伦级战略核潜艇共有 5 艘。

基本参数	
艇长	125米
艇宽	10.1米
吃水深度	9.8米
水下排水量	7900吨
水下航速	25节
潜深	300米
自持力	60天
艇员编制	130人
动力系统	1座S5W型压水堆 2台蒸汽轮机 辅助推进装置为收放式推进电机 应急推进装置为应急推进电机

▲ 伊桑·艾伦级战略核潜艇武器舱

■ 作战性能

伊桑·艾伦级战略核潜艇艏部设有4具533毫米鱼雷发射管作为自卫武器，可填装"沙布洛克"远程反潜火箭，弹头可以装载MK46或MK44自导鱼雷。导弹舱内装有16枚"北极星"A2弹道导弹，后期换装为更先进的"北极星"A3弹道导弹。"北极星"A3弹道导弹最大射程4600千米，可携带3个爆炸当量为20万吨的集束式热核弹头。

▲ 水下发射弹道导弹

知识链接 >>

"北极星"计划是美国海军于20世纪50年代后期实施的研制导弹核潜艇的计划。在实施计划的过程中，由于使用网络技术创造一种管理复杂任务工程进度的新方法——精细计划协调技术，"北极星"导弹项目提前两年研制成功，效率提高了550%。这种方法在复杂任务的执行管理中产生的革命性效益，引起了全球各界的高度关注。

LAFAYETTE-CLASS
拉法耶特级战略核潜艇（美国）

■ 简要介绍

拉法耶特级战略核潜艇是美国海军隶下的一型核动力弹道导弹潜艇，是美国第三代弹道导弹核潜艇，是美国海军二战后建造的批量最大的弹道导弹核潜艇。它的成功建造以及后来换装"北极星"A3、"海神"C3和"三叉戟"I导弹，不仅证明了水下发射导弹技术可以与潜艇总体以及核动力装置等方面的设计获得同步发展，而且表明潜艇装备的弹道导弹和发射筒兼容性方面的研制工作获得了令人满意的结果，从而为世界各国海军发展弹道导弹核潜艇指明了一条可行的途径。

■ 研制历程

1960年9月，美国国防部决定在"北极星"A2潜射弹道导弹的基础上继续研制射程为4600千米的"北极星"A3潜射弹道导弹，与此同时，新型战略核潜艇的设计工作也基本进入尾声。为了纪念支持美国独立战争的拉法耶特伯爵，新型战略核潜艇被命名为拉法耶特级。

1961年1月17日，首艇"拉法耶特"号开工建造，1962年5月8日下水，1963年4月23日服役。1961年至1967年间美国连续建造了31艘该级潜艇。拉法耶特级战略核潜艇到20世纪90年代全部退役。

基本参数

艇长	129.5米	水下航速	25节
艇宽	10.1米	潜深	300米
吃水深度	9.6米	自持力	90天
水下排水量	8250吨	艇员编制	134人
动力系统	1座S5W-Ⅱ型压水堆 / 2台蒸汽轮机 / 辅助推进电机 / 应急推进电机		

■ 作战性能

拉法耶特级战略核潜艇所装备的弹道导弹以及导弹发射指挥装置都有所不同。该级艇前8艘SSBN616至SSBN625装备的是16枚"北极星"A2导弹，最大射程2800千米。从第9艘SSBN626至31艘SSBN659，这23艘装备的是"北极星"A3导弹，最大射程4600千米。除装备有弹道导弹外，拉法耶特级还携带了22枚鱼雷用于自卫。鱼雷以MK37或M/HK45线导反潜鱼雷为主，也可以使用老式MK14、MK16和新式MK48鱼雷。拉法耶特级战略核潜艇设计时，美国海军非常重视核潜艇的静音能力，因此采用了许多长尾鲨级攻击核潜艇的静音技术，使其具备隐身能力。

知识链接 >>

1994年，拉法耶特级"卡米哈米哈"号和"詹姆斯·波尔克"号在美国玛尔岛海军造船厂被改装成输送"海豹"突击队员的特种输送潜艇，因此被转为攻击核潜艇序列。每艘可以输送67名"海豹"突击队员及其使用的装备，指挥台围壳后面的上甲板处，可以携带两个"干式甲板掩蔽舱"，使潜艇在水下状态亦可保证突击队员进出潜艇。

◀ 拉法耶特级战略核潜艇

OHIO-CLASS
俄亥俄级战略核潜艇（美国）

■ 简要介绍

俄亥俄级战略核潜艇是隶属美国海军的一种弹道导弹核潜艇，它采用许多先进静音科技进行隐身，其体量是拉法耶特级的两倍大，是美国海军最大的潜艇。与拉法耶特级相比，俄亥俄级的弹道导弹搭载量从16枚增加到24枚，是全球弹道导弹潜艇导弹搭载数量最多的。俄亥俄级舰堪称冷战时期核能潜艇的代表作。到了2000年，18艘俄亥俄级核潜艇便是美国海军全部的弹道导弹核潜艇。

■ 研制历程

20世纪70年代，美国海军开始发展俄亥俄级战略核潜艇来取代乔治·华盛顿级战略核潜艇与伊桑·艾伦级战略核潜艇，因为原始设计的限制使它们无法换装新型的"三叉戟"C-4弹道导弹。在美国海军最初的规划中，"俄亥俄"号只是一种放大改良版的拉法耶特级战略核潜艇，但最终它却发展成了一个新级。

首艇"俄亥俄"号于1976年开建，1979年下水，1981年服役。最初美国海军打算建造24艘俄亥俄级，不过由于冷战结束以及美苏第二阶段战略裁减谈判，遂取消了最后6艘，共建了18艘。

基本参数	
艇长	170.7米
艇宽	12.8米
吃水深度	10.8米
水下排水量	18750吨
水下航速	20节
潜深	240米
自持力	45天
艇员编制	155人
动力系统	1座S8G型压水堆 / 2台传动涡轮发动机 / 1台辅助发动机

▲ 俄亥俄级战略核潜艇的导弹发射口

■ 作战性能

俄亥俄级前 8 艘核潜艇都使用"三叉戟"C-4 弹道导弹,射程 7400 千米,圆周误差公算约 380 米,配备 8 枚 MK4 多重独立目标重返载具,每个含有一具 W76 十万吨 TNT 级核弹头。由于拥有射程较长的弹道导弹,俄亥俄级在美国势力范围的海域内就能发挥战略吓阻作用。

从 9 号"田纳西"号开始的俄亥俄级改为配备更具威力的"三叉戟"Ⅱ型 D-5 洲际导弹,射程增加至 12000 千米;每一枚 D-5 最多可携带 14 枚 MK4 型 MIRV,此时射程就会降到 8000 千米以下。此外,D-5 还可携带威力更强的 MK5 型 MIRV,每一个 MK5 配备一个 47.5 万吨 TNT 威力的 W88 核弹头,装载 8 个 MK5 型 MIRV 时,D-5 射程在 6000 千米以上。

▲ 俄亥俄级战略核潜艇的驾驶舱

知识链接 >>

"俄亥俄"号在 2002 年 11 月停役后,回到通用电器船舶工厂进行炉心更换作业,2006 年 2 月 7 日重新服役;"佛罗里达"号于 2003 年 8 月开始进行改装,在 2006 年 4 月重回舰队服役;"密歇根"号在 2003 年 11 月开始改装,2006 年 11 月重回现役;"佐治亚"号在 2004 年 10 月开始改装,2008 年 3 月 28 日重回现役。

TYPE 611 ZULU-CLASS
611型祖鲁级常规潜艇（苏联）

■ 简要介绍

611型潜艇，北约代号祖鲁级，简称Z级，是苏联海军隶下的一型大型常规动力远洋潜艇。战后苏联总共建造了五型大型常规潜艇，611型是第一型，作为20世纪50年代可以进行远洋活动的先进大型潜艇，其主要用于在远离基地的海上交通运输线上攻击敌舰艇、护航编队和单个的运输船，进行远洋侦察，也用于保护本国的护航编队，或进行布雷。苏联在研制成功611型潜艇后就对其改装，用于弹道导弹潜艇的水上发射和水下发射试验，取得了有关弹道导弹潜艇和潜用弹道导弹设计、使用的经验。

■ 研制历程

1951年1月，首艇在当时苏联的海军上将联合造船厂正式开工，1951年7月下水，1953年12月31日服役。

611型共建造了26艘，其中9艘在列宁格勒（今圣彼得堡）建造，17艘在北德文斯克的402工厂建造。现已全部退役。

基本参数	
艇长	90.5米
艇宽	7.5米
吃水深度	5.01米
水下排水量	2400吨
水下航速	16节
潜深	200米
自持力	75天
艇员编制	65人
动力系统	柴油-柴电动力

▲ 611型常规潜艇

■ **作战性能**

611型潜艇装备10具533毫米鱼雷发射管。携带鱼雷22枚,也可用32枚水雷取代其中的16枚鱼雷;装有"旗帜"攻击雷达、"涌浪"搜索雷达;使用"塔米尔-5"声呐。611型的自给力为75个昼夜,611型设有通气管装置,水下持续逗留时间约200小时。

▲ 1969年4月,一架美国P-3B"猎户座"反潜机飞越苏联祖鲁级潜艇上空

知识链接 >>

红宝石中央设计局总部位于圣彼得堡,其前身为苏联潜艇制造部。1926年,苏联潜艇制造部改为第四技术局。1937年,改名为中央第18设计局。在二战初期,中央第18设计局设计了9个潜艇型号。在列宁格勒保卫战时,中央第18设计局由列宁格勒(今圣彼得堡)迁往高尔基市。1966年,中央第18设计局改名为红宝石中央设计局。

TYPE 613 WHISKEY-CLASS
613型威士忌级常规潜艇（苏联）

■ 简要介绍

613型潜艇，北约代号威士忌级，简称W级，是苏联在20世纪50年代生产的第一种潜艇，也是苏联二战后设计和建造的三型中型常规潜艇之中最先研制的一型。613型潜艇是最经典的苏联潜艇，它适用于多个海区和各种环境，215艘的数量不仅使之成为战后生产数量最多的潜艇，也成为当时苏联海军的中坚力量。其部署不仅为近海防御战略夯实了基础，也为苏联海军深入北约国家近海配合陆军作战创造了条件。在613型的基础上发展了北约称为R级的633型潜艇和后来新研制的877型潜艇及改进的636型潜艇。

■ 研制历程

1946年1月，苏联海军司令部批准了613型的战术技术任务书，并交由当时的苏联第18中央设计局（今红宝石设计局）负责设计。1950年3月，首艇在高尔基市的红色索尔莫沃工厂建造，1950年10月下水，1951年12月服役。

1958年6月，由苏联波罗的海工厂建造的最后一艘613型潜艇交付，至此苏联总共建造了215艘该型艇。613型潜艇曾大量出口转让给很多国家且被仿制。

基本参数	
艇长	74.7米
艇宽	6.3米
吃水深度	4.3米
水下排水量	1320吨
水下航速	18节
潜深	200米
自持力	30天
艇员编制	52人
动力系统	2台柴油主机/2台主电机/2台经航电机

▲ 航行中的613型常规潜艇

■ 作战性能

613型潜艇设有6具鱼雷发射管，艇艏4具为533毫米，艇艉2具可能为406毫米，但没有再装填能力，共可携带12枚鱼雷或22枚水雷（一说20枚鱼雷和40枚水雷），装有对海搜索雷达、主动声呐和被动声呐。

613型潜艇最早期的I型在指挥台围壳前有双管25毫米机炮，在甲板上装有1座双管57毫米火炮，后期的V型则拆除了。该炮可以为潜艇提供基本的防空掩护，但该炮口径太小，最多只能对付鱼雷艇之类的小艇和海盗，不具备与炮艇进行水面交战的能力。

知识链接 >>

613型采用的双壳体结构对于后续苏联/俄罗斯潜艇的研究具有相当大的影响。苏联历来重视在冰况复杂的北方海区航行，因此没有采取其他国家潜艇那样的单耐压壳结构，而是保留了传统的双耐压壳形式。这种设计的优点有：对耐压艇体材料要求低、储备浮力大、抗沉性好。缺点是排水量和阻力与噪音偏大、焊接工艺要求高、制造周期长、性价比偏低。

TYPE 633 ROMEO-CLASS
633型罗密欧级常规潜艇
（苏联/俄罗斯）

■ 简要介绍

633型潜艇，北约代号罗密欧级，简称R级，是苏联海军一型常规潜艇。633型潜艇是苏联在611型潜艇和613型潜艇的基础上，进一步改进之后而来，其增大了下潜深度，续航力和自持力也有所提升，同时更易于操作。633型是中型鱼雷攻击舰艇，其作战任务和613型相同，主要用于苏联的中近海防御，在海上交通运输线上，用鱼雷武器攻击敌舰艇和运输船只以及进行侦察任务，也可在交通线上或敌基地附近进行布雷封锁。

■ 研制历程

苏联在建造613型潜艇的同时，就开始了633型的研制工作，它的总设计师是杰里宾，后来改由纳扎罗夫和克雷洛夫担任。633型由苏联天青石设计局于1950年代开始设计，1957年10月首艇在红色索尔莫沃造船厂开工，1959年12月建成服役。原计划建造560艘，最终建成22艘。

基本参数	
艇长	76.6米
艇宽	6.7米
吃水深度	4.59米~5.2米
水下排水量	1730吨
水下航速	12节
潜深	300米
自持力	45天~60天
艇员编制	54人
动力系统	2台主内燃机/2台主电机/2台经航电机

▲ 系泊中的633型常规潜艇

■ **作战性能**

633型潜艇是在613型潜艇基础上发展而来的,同为中型潜艇,但其性能比613型有了较大提高。633型在艇型、结构、分舱布置以及主要设备的选型上和613型有很多相同之处,但又有多方面的改进,更便于艇员的操作使用。其主要改进之处包括增加2具鱼雷发射管,提高了水声设备性能,增加了蓄电池的水冷却系统,增大了下潜深度,提高了以通气管状态作为主要航态的航速,采用将贮备浮力转变成超载燃油的途径,使续航力和自持力增大了一倍。

▲ 船坞中的633型常规潜艇

知识链接 >>

红色索尔莫沃造船厂成立于1849年,厂址位于下诺夫哥罗德。该造船厂曾经建造过苏联的第二代和第三代潜艇,包括670型查理Ⅰ和查理Ⅱ级巡航导弹核潜艇,671型维克托Ⅰ、维克托Ⅱ和维克托Ⅲ级核动力攻击潜艇,945型塞拉级核动力攻击潜艇,此外还有641型探戈级和基洛级柴电潜艇。

TYPE 641 FOXTROT-CLASS

641型狐步级常规潜艇
（苏联/俄罗斯）

■ 简要介绍

641型潜艇，北约代号狐步级，简称F级，是苏联海军一型大型常规动力潜艇，是二战后苏联第二代常规动力潜艇。641型潜艇是苏联在611型潜艇和613型潜艇的基础上进一步改进升级而来的，其在水声传感器方面进行了改进，任务是在沿海巡逻，或在战争爆发时攻击敌水面部队。

■ 研制历程

1954年10月，641型潜艇的设计约定通过，总设计师是叶戈罗夫，随后由杰里宾担任，后来又转由他人接任，杰里宾同时也是633型潜艇的总设计师，因此不仅两型艇几乎同时研制，而且两型所用的材料、设备和武器也基本相同。

641型潜艇由苏联红宝石设计局设计，首艇于1957年10月3日列宁格勒（今圣彼得堡）苏达米赫造船厂开工，1958年服役。

基本参数	
艇长	89.9米~91.3米
艇宽	7.4米~7.5米
吃水深度	5.1米
水下排水量	2475吨
水下航速	15节
潜深	280米
自持力	90天
艇员编制	75人
动力系统	柴电推进 3台37-D型柴油机 3台电机 1台辅助电机

■ 作战性能

641型和611型一样，艏部有6具533毫米鱼雷发射管，艉部有4具，可携带22枚533毫米鱼雷，可用44枚水雷代替。由于采用气压发射系统，其发射深度为80米，大于611型。苏联海军曾在一艘641型艇上试验过鱼雷发射管的快速装填装置，证明其可以提高鱼雷的装填速度，这也为以后采用快速装填装置埋下了伏笔。

知识链接 >>

641型采用了提高建造速度的"总段建造法"。这种方法是先将艇体划分为几个总段，双壳体潜艇的艇体结构，可分为耐压艇体分段和非耐压艇体分段，如果再细分还可将艇体分为龙骨分段、舷侧分段、艏端结构分段、艉端结构分段，耐压艇体分段和一些非耐压艇体分段组成"立体分段"，而整艘潜艇是由几个"立体分段"对接而成的。

▲ 系泊中的641型常规潜艇

TYPE 877 KILO-CLASS
877型基洛级常规潜艇
（苏联/俄罗斯）

■ 简要介绍

877型潜艇，北约代号基洛级，简称K级，是苏联海军在20世纪80年代开始建造的一型常规潜艇，是二战后苏联/俄罗斯第三代/第四代常规潜艇。它是苏联海军时代研制的最成功的常规潜艇，主要用于内海和远洋反潜作战，同时也担任攻击敌水面舰艇和商船的任务。本级艇也是苏联/俄罗斯出口量较大的潜艇等级之一。

■ 研制历程

1974年，苏联海军和苏联造船工业部签署了研制新型常规潜艇的协议，潜艇编号877型。由苏联红宝石设计局设计，首艇于1979年在苏联远东的共青城造船厂开工，1980年9月下水，1982年交付苏联海军使用，最后一艘于1994年3月12日服役。

1980—1991年，877型总共有23艘（另有4艘未能完工）进入苏联海军服役，至21世纪初期还有约14艘在俄罗斯海军现役，7艘封存备役。

基本参数	
艇长	72.6米/73.8米
艇宽	9.9米
吃水深度	6米
水下排水量	3075吨
水下航速	17节
潜深	300米
自持力	45天
艇员编制	52人
动力系统	2台柴油发电机组 1台推进电动机 1台低速巡航用发电机 2台紧急用柴油发电机组 2组蓄电池

▲ 系泊中的877型常规潜艇群

■ **作战性能**

877型潜艇装备6具533毫米鱼雷发射管，艇上的鱼雷舱可储存12件武器，连同鱼雷发射管内的6枚，总共可携行18件，或者换成24枚DM-1水雷，每个发射管也能同时装填2枚水雷。877型摒弃了以往苏联潜艇不重视电子设备的"传统"，装备了高度自动化的再装填系统，单一发射管能在15秒内重新装填完毕，全部6具鱼雷发射管能在2分钟内完成装填作业，配合MVU-110EM战斗系统，可以同时锁定5个目标。877型的最大特点是极其安静，不易被发现。

▲ 877型常规潜艇群内部

知识链接 >>

基洛级常规潜艇的基本设计，采用泪滴型艇壳，外观相当宽阔圆润，前水平舵位于舰首，尾部控制面包括一对水平尾舵以及下方一面垂直方向舵，但没有上方的垂直舵面。基洛级是苏联第一种采用单轴推进的柴电潜艇，噪音较低，以往苏联潜艇由于机械故障率较高，都比较偏好双轴甚至三轴设计。

TYPE 636 KILO-CLASS
636型基洛级常规潜艇
（苏联/俄罗斯）

■ 简要介绍

636型潜艇是在877型潜艇的基础上经过现代化改装后研制建造的一型潜艇，是二战后苏联/俄罗斯第三/四代常规潜艇，北约一般将877型和636型统称为基洛级，简称K级。636型潜艇主要用于内海和远洋反潜作战，同时也担任攻击敌水面舰艇和商船的任务，是世界上柴电动力潜艇中最安静的潜艇之一。自苏联成功研制核动力攻击潜艇后，对于一般动力潜艇的研究也相对减少了不少，而877型及其后改进型636型是苏联在这期间研制的较成功的柴电动力潜艇，也是俄罗斯出口量较大的潜艇等级。

■ 研制历程

636型潜艇的前身877型于20世纪70年代初由苏联红宝石设计局设计，877型的出口编号为877EKM。为拓展销路，俄罗斯在对877EKM进行现代化改装后，于1993年推出了636型。

基本参数	
艇长	73.8米
艇宽	9.9米
吃水深度	6米
水下排水量	3076吨
水下航速	19节
潜深	450米
自持力	45天
艇员编制	52人
动力系统	2台柴油发电机组 1台推进电动机 1台低速巡航用发电机 2台紧急用柴油发电机组 2组476型蓄电池

■ 作战性能

636型潜艇能够装备在877型潜艇上使用的53-56B、53-56BA等53系列反舰鱼雷，SET-53M、SAET-60M等导向反潜鱼雷，SET-65和71系列线导鱼雷，8枚9M-313（北约代号SA-N-8与SA-N-10）"箭"（Strela）-3型防空导弹，和877M和877EKM上使用53-65K反舰鱼雷以及TEST-71ME、TEST-96等线导反潜鱼雷，甚至能发射超空泡高速鱼雷。

▲ 636型常规潜艇加装鱼雷

知识链接 >>

潜射巡航导弹体积小，重量轻，弹翼、尾翼可折叠，便于不同发射平台运载和发射；发射系统机动灵活、生存能力强。同时，巡航导弹具备飞行高度低、雷达反射截面小、红外信号弱等特征，并可按预编程序绕过固定防空阵地，命中精度高，突防能力强。结合潜艇的隐蔽性后，更能大大提高潜艇攻击的突然性和打击效果。潜射巡航导弹将成为未来战场上力量的"倍增器"。

TYPE 677 LADA-CLASS
677型拉达级常规潜艇
（苏联/俄罗斯）

■ 简要介绍

677型潜艇，北约代号拉达级，又称圣彼得堡级，出口型号阿穆尔级，是俄罗斯自苏联解体后研制的第一级柴电潜艇，是苏联/俄罗斯第四代常规动力潜艇。主要用于攻击敌方潜艇、水面舰艇和船只，以及作为一个执行多种任务的平台，保护己方海军基地、沿海沿岸设施和海上交通基础设施，执行布雷、特种作战部队部署和情报侦察任务。与基洛级潜艇相比，拉达级采用了大量新技术。

■ 研制历程

1987年，红宝石设计局在苏联海军613型、641型、877型和636型等柴油潜艇多年使用经验基础上着手研制第四代非核动力潜艇。1989年，苏联海军授予红宝石设计局一份合同，委托其负责设计新的第四代常规潜艇。

苏联解体后，国内需求大大减少，为了生存，红宝石设计局把目光投向世界，在设计时从"小型潜艇"处着手，希望能在国际市场上找到买家。基于这种想法，根据不同用户需求，红宝石设计局在总设计师科尔米利的领导下研制出了677型潜艇。

基本参数	
艇长	66.8米
艇宽	7米
吃水深度	7.79米
水下排水量	2650吨
水下航速	21节
潜深	250米
自持力	45天
艇员编制	35人
动力系统	2台柴油发电机组 1台电机 2组碱性燃料电池AIP系统

▲ 船坞中的677型常规潜艇

■ 作战性能

677型总共使用了120多项创新技术工艺，共有10多家企业参与研制，安装了170多套此前从未生产过的仪表和系统，其主要特点是战斗力较强、噪声水平较低、隐身性能较高、自给力较大、航程较远。与此前的柴电潜艇相比，它在艇体架构上有着显著变化，而且大量使用新材料，许多设备、装置、机制都是全新的。它使用完善的导航系统和独一无二的设备，能够充分保障航行的安全性，使艇员能够以最高精确度迅速瞄准目标并开火。它使用新型声呐涂层，能够确保提高隐身性能。此外，为其特别研制的动力电能发动机，即使是在全功率运转时也几乎无声无响。

知识链接 >>

鉴于677型潜艇发展进度滞后，为避免影响战备，俄罗斯海军一面推出636型常规动力潜艇改进型号，一面展开第五代常规动力潜艇预研，保证俄罗斯潜艇技术与西方同步发展。与此同时，俄罗斯海军并未放弃677型潜艇。俄罗斯海军计划至少建造12艘677型潜艇。2019年6月，俄罗斯国防部与海军造船厂再签订2艘677型潜艇建造合同，并表示还将继续追加订单。

▲ 系泊中的677型常规潜艇

TYPE 627 NOVEMBER-CLASS
627型十一月级攻击核潜艇（苏联）

■ 简要介绍

627型攻击核潜艇，北约代号十一月级，简称N级，惯称红十月级，是苏联海军隶下的第一型核动力潜艇，也是苏联第一代攻击核潜艇，具有划时代的意义。该艇与当时苏联的常规潜艇一样，都仅装备鱼雷，具有航速高和潜深大的特点，由于综合性能相当好，大大加快了苏联后续各类型核潜艇的发展。

■ 研制历程

1952年9月9日，苏联部长会议决定，研发苏联历史上的第一艘核潜艇，代号627。随后苏联SKB-143特种装备设计局（今孔雀石设计局）和第18中央设计局（今红宝石设计局）派出35名专家参与研制过程。

1953年3月至1954年5月完成了图纸设计和技术设计。1954年6月，首艇K-3艇在402造船厂开始建造。1958年7月4日实现使用核动力的水下航行，1959年3月12日正式服役。

627型共建造服役了13艘，构成了苏联最初的水下核攻击力量。除因事故等损失的以外，627型全部在1986—1990年间退役。

基本参数	
艇长	107.4米
艇宽	7.9米
吃水深度	5.65米
水下排水量	4069吨
水下航速	30节
潜深	300米
自持力	60天
艇员编制	104人
动力系统	2座VM-A型压水堆 2台汽轮机 2台电动机 2台柴油发电机

▲ 正在解体的627型攻击核潜艇

■ **作战性能**

627型攻击核潜艇与当时苏联的常规潜艇一样，仅装备鱼雷，8具533毫米鱼雷发射管全都在舰艏鱼雷舱，共装备各型鱼雷20枚~32枚，发射深度100米。在鱼雷指挥仪和噪声测向站的配合下，627型能进行鱼雷水下隐蔽的单射和扇面齐射。与美国第一艘核潜艇"鹦鹉螺"号相比，苏联制造的核反应堆在结构紧凑度和功率质量比上优于美制反应堆，但振动和噪声都要高于后者。

▲ 航行中的627型攻击核潜艇

知识链接 >>

1960年10月13日，苏联反应堆发生严重的事故，正在巴伦支海参加演习的北方舰队627型K-8艇上，蒸汽锅炉发生了泄漏，艇员们开始自己动手阻挡泄漏。他们安装了一个向反应堆供水的临时系统，用来给反应堆降温，以避免反应堆活性区熔化，但外漏的大量放射性气体还是污染了整个潜艇。

TYPE 671 VICTOR-CLASS
671型维克托级攻击核潜艇
（苏联/俄罗斯）

■ 简要介绍

671型攻击核潜艇，北约代号维克托级，简称V级，是苏联/俄罗斯海军隶下的一型攻击核潜艇，是苏联/俄罗斯第二代攻击核潜艇，也是苏联/俄罗斯首次采用水滴线型和单桨推进的核潜艇。它除了能承担攻击敌水面舰艇、破坏敌海上交通线、攻击商船和布放水雷等任务外，还能执行反潜和护航任务。在美国"战斧"巡航导弹出现后，该型潜艇除执行反舰、反潜任务外，还担负打击陆上目标的作战任务，开始向多用途型核潜艇发展。

■ 研制历程

1963年4月12日，671型首艇K-38开工建造，1966年7月28日下水，1967年11月27日正式交付部队。

671型主要有3种型号，即671型、671PT型和671PTM型。自首艇于1967年入役到1992年最后一艘服役，共建造了48艘，进入21世纪后还有4艘至11艘在役。

基本参数	
艇长	93米
艇宽	10.6米
吃水深度	7.2米
水下排水量	4700吨
水下航速	30节
潜深	400米
自持力	50天
艇员编制	68人
动力系统	1座VM-4P型压水堆 2台蒸汽轮机 1组GTZA-631主变速装置 2台推进电机 2台汽轮发电机 1台柴油发电机

■ 作战性能

671型攻击核潜艇为执行打击水面舰艇和反潜的任务，必须具备相应的打击能力和探测目标的能力。671型与627型相比，武器和观导设备都大有改进，装备了苏联时期最先进的鱼雷和导弹，武器装载量为24枚；不装鱼雷时还可携带自航式沉底水雷、反潜水雷、反潜火箭锚雷、火箭上浮水雷等36枚。

1978年，671型核潜艇在苏联海军服役期间异常活跃，担负了大量的战斗任务，一度成为苏联水下舰队的中坚。671型K-495号累计在海上度过了278天，其中大约78天担负紧张的战备值班任务，显示了相当高的出勤率。

▲ 671型攻击核潜艇

知识链接 >>

671型攻击核潜艇进行了大量的越洋航行，寻找可能出现的他国威胁。1971年，在北冰洋执行任务的671型K-149艇在冰层下活动了30多天。1971年9月至10月，2艘671型各自完成了独立的北极航程。671型K-454艇是苏联海军第一艘从巴伦支海驶往太平洋的潜艇。671型K-517艇曾护航过667BDR型战略核潜艇。

TYPE 705 ALFA-CLASS
705型阿尔法级攻击核潜艇

（苏联/俄罗斯）

■ 简要介绍

705型攻击核潜艇，北约代号阿尔法级，简称A级，是苏联/俄罗斯海军隶下的攻击型核潜艇，是苏联/俄罗斯第二代攻击核潜艇。它是世界上成批建造的攻击核潜艇中吨位最小、航速最快、下潜最深、自动化程度最高以及采用钛合金艇体的核潜艇；也是苏联/俄罗斯迄今为止满编作战人数最少、效费比最低的核潜艇。本级艇自20世纪70年代初出现后，引起了全世界广泛的关注，自设计建造到服役使用一直充满争议，也被称为"超越时代的核潜艇"，在苏联潜艇建造史上具有划时代的意义。

■ 研制历程

1968年6月2日705型首艇在列宁格勒（今圣彼得堡）海军部造船厂开工，1969年4月22日下水，1971年12月31日服役。完成4艘原型艇后，苏联又在北德文斯克402造船厂建造了3艘改进的705K型。该型艇于20世纪90年代中期全部退役。

基本参数	
艇长	81.4米
艇宽	9.5米
吃水深度	7.6米
水下排水量	3180吨
水下航速	39节
潜深	400米
自持力	50天
艇员编制	32人
动力系统	1座OK-550型铅铋反应堆 1台汽轮机 2台自主式汽轮发电机 1台柴油发电机 1组银锌蓄电池 1台辅推电机

■ 作战性能

705型攻击核潜艇采用了许多此前没有使用过的新技术和新材料，在当时苏联核潜艇中明显处于领先地位。它创造了苏联核潜艇建造史上的"六个第一"：首次在潜艇上采用了新型作战情报指挥系统；首次采用了液态金属冷却剂的大功率反应堆；首次采用了400赫兹、380伏的交流

▲ 705型攻击核潜艇螺旋桨

电力系统;首次安装了气动液压式鱼雷发射装置;首次设置了漂浮救生舱;首次采用了三维流线型的指挥台围壳、全部可收发式升降装置和折叠式的艉升降舵。

705型的缺点也是明显的,它采用的一些新技术是当时并不十分成熟的技术,最主要的是液态金属冷却剂的反应堆可靠性很差,事故频繁,性能并不是很稳定。

知识链接 >>

705型攻击核潜艇由苏联孔雀石设计局设计。孔雀石中央船舶设计局于1948年组建,因成功设计核动力潜艇627型而声名鹊起。它是俄罗斯第一个提出并实现核潜艇上装载弹道导弹的科研机构。该设计局的主要合作伙伴是莫斯科库尔恰托夫研究院,它设计出世界上第一艘装备重金属冷却反应堆的核潜艇(645型),并参与建造世界上第一艘采用钛合金耐压壳体的核潜艇(661型)。

TYPE 685 MIKE-CLASS
685型麦克级攻击核潜艇（苏联）

■ 简要介绍

685型攻击核潜艇，北约代号麦克级，简称M级，是苏联海军隶下的一型攻击核潜艇，是苏联海军第三代攻击核潜艇的一型。它是以钛合金作为艇体材料建造的潜艇，极限潜深达到1250米。其任务是搜索、跟踪和消灭敌核潜艇，攻击航母编队、大型水面舰船和运输船，具有较强的作战能力。

■ 研制历程

新型攻击核潜艇最初由苏联第16中央设计局（波浪设计局）设计，总设计师是克利莫夫，1974年第16中央设计局与第143特种设计局合并为孔雀石设计局，该项目改由红宝石设计局接手继续设计，总设计师为科尔米利，所设计的新型攻击核潜艇代号为685型。

685型仅建造1艘K-278艇，1978年4月22日在北德文斯克造船厂开工，1983年6月3日下水，1983年12月28日服役，1989年4月7日因事故沉没。

基本参数	
艇长	117.5米
艇宽	10.7米
吃水深度	8米
水下排水量	8500吨
水下航速	30.6节
潜深	1250米
自持力	50天
艇员编制	57人
动力系统	1座VM-5型压水堆 1台汽轮主机 2台汽轮发电机 1台柴油发电机 2台辅推电机 1组蓄电池

■ 作战性能

685型攻击核潜艇艇舯有6具533毫米的鱼雷发射装置，采用液压平衡式发射系统，既可以发射潜射巡航导弹，也能发射鱼雷。可携带22枚武器，其中6具鱼雷发射管中可以布放6枚3种型号的鱼雷和导弹，另外6枚导弹和10枚鱼雷放在存放架上。主要武器为"石榴石"潜射巡航导弹（北约称SS-NX-21"桑普森"/PK-55）、"暴风雪"鱼雷。

知识链接 >>

1989 年，685 型 K-278 艇返回基地时，突然发生火灾，随即发出损管警报，进行损管作业，但未能扑灭火情。在潜艇即将沉没之时，有 50 余名艇员逃离浮在海面上，艇员开始乘舢板离艇，但舢板不够，派来援救的飞机投下的救生筏又离艇很远。由于没有得到及时营救，最后仅 27 名艇员利用艇上装备的充气式救生筏逃生。

▲ 685 型 K-278 艇逃生示意图

TYPE 945 SIERRA-CLASS
945型塞拉级攻击核潜艇
（苏联/俄罗斯）

■ 简要介绍

945型攻击核潜艇，北约代号塞拉级，简称S级，是苏联/俄罗斯海军隶下的一型核动力攻击型潜艇，是苏联/俄罗斯第三/四代多用途攻击核潜艇。它是苏联/俄罗斯使用钛合金材料建造的核潜艇型号之一，具有高潜深、高航速的优异性能。虽然为多用途攻击核潜艇，但其最主要的任务还是消灭敌方的弹道导弹核潜艇，也能胜任摧毁敌方水面舰艇、攻击陆上战略目标的任务。

■ 研制历程

20世纪60年代末70年代初，苏联开始第三代核潜艇的研究、论证工作。孔雀石设计局、红宝石设计局和天青石设计局展开设计竞争。最终，天青石设计局胜出。

由于新一代核潜艇技术难度过高，开始时进度相当缓慢。到1979年，历经近10年的研制工作终于结束。

945型首艇K-239于1979年7月20日在红色索尔莫沃造船厂开工，1984年9月29日交付部队。该型核潜艇共建造了4艘。

基本参数			
艇长	107米	水下航速	32节
艇宽	12.2米	潜深	600米
吃水深度	8.8米	自持力	100天
水下排水量	8200吨	艇员编制	60人
动力系统	1座VM-5型压水堆 1台汽轮机 2台外伸式全向推进器和辅推电机 2台自主式汽轮发电机 2台柴油发电机 2组铅酸蓄电池		

▲ 945型攻击核潜艇

▶ 945型攻击核潜艇下水仪式

■ 作战性能

945型攻击核潜艇作为一型多用途攻击核潜艇,需要完成如反潜、攻舰、布雷等任务,所以其配备的武器不但种类多,而且装载量相当大,主要武器是鱼雷、火箭助推鱼雷(亦称反潜/舰导弹)和水雷等。在众多型号中,945型可以说是最"神秘的",也是综合性能最好的一型艇。然而综合种种因素,945型因其太过"贵族化"而使建造计划被终止,最终再也没有发展建造的机会。

知识链接 >>

945型攻击核潜艇采用钛合金舰壳,这种金属自身具有高强度、低磁性的特点,这使得敌方很难探测和跟踪。在艇的外形上采用了拉长水滴形线形,以降低流体噪声。艇外表面设计得非常光滑,极少有突出体暴露。艇体与指挥台围壳上的开孔数量降到了最少,较大的开孔均设计了能自动开启和关闭的活动盖板,因而当活动盖板关闭后,从艇的外观上是根本看不到开孔的,从而降低了艇体的水流动噪声。

TYPE 971 AKULA-CLASS
971型阿库拉级攻击核潜艇
（苏联/俄罗斯）

■ **简要介绍**

971型攻击核潜艇，北约代号阿库拉级，又称鲨鱼级，是苏联/俄罗斯海军隶下的一型核动力攻击型潜艇，是苏联/俄罗斯第三代/第四代多用途攻击核潜艇。它是苏联研制的最后一级传统攻击型核潜艇，也是继671型攻击核潜艇III型后，建造最多的攻击型核潜艇。在885型攻击核潜艇服役之前，971型攻击核潜艇是俄罗斯航速最高、安静性最为优异的一型攻击核潜艇。它可以反潜、反舰、对陆攻击，是一型低噪声、高航速、大潜深的多用途攻击核潜艇。虽然设计于冷战时期，但由于其超前的设计和强大的作战能力，直到进入21世纪仍然是俄罗斯海军攻击核潜艇部队的主力。

■ **研制历程**

20世纪80年代初，由孔雀石设计局主持的971型攻击核潜艇的研制工作基本完成。首艇于1983年（一说1981年）在共青城造船厂（现为俄罗斯阿穆尔斯克造船厂）开工建造，1984年6月下水，同年12月30日，971型首艇交付苏联海军服役。971型攻击核潜艇截至K-152在2009年12月服役，共建造了15艘。

基本参数	
艇长	110.3米
艇宽	13.5米
吃水深度	9.7米
水下排水量	9100吨
水下航速	33节
潜深	450米
自持力	90天
艇员编制	72人
动力系统	1座VM-5型压水堆 1台蒸汽轮机组

▲ 971型攻击核潜艇

■ 作战性能

971 型攻击核潜艇航速较高，水下机动性好。它采用了改进型压水堆以及苏联长期积累下来的先进静音技术，因此水下噪声更低，而且拥有更大的自给力。971 型采用的艇体耐压结构和材料，可以使其潜深至 600 米，这大大增强了其隐蔽能力。同时它有较大的排水量，使舱室的容积得以扩大，因此可以携带数量更多、用途更广、威力更大的武器以及电子设备。

▲ 971 型攻击核潜艇

知识链接 >>

2008 年 11 月 8 日，971 型 K-152 艇在工厂海试期间，由于消防系统故障导致氟利昂泄漏到船舱，造成人员伤亡。

TYPE 885 YASEN-CLASS
885型亚森级攻击核潜艇（俄罗斯）

■ 简要介绍

885型攻击核潜艇，北约代号亚森或葛兰尼级，亦称北德文斯克级，是俄罗斯海军隶下的一型核动力攻击型潜艇，是俄罗斯最新的能够携带各类型导弹的第四代/第五代多用途攻击核潜艇。它具有安静、深潜、打击能力强、自动化程度高等特点，不仅能反潜、反舰、对陆攻击、战备警戒，还能实施一定的战略打击任务，具有参与解决各种地区性危机的能力。

其设计性能和美国海军最先进的攻击型核潜艇不相上下，是俄罗斯甚至是世界高水平攻击核潜艇的代表。

■ 研制历程

1993年12月28日，885型攻击核潜艇首艇在俄罗斯北方机械制造厂（原北德文斯克造船厂402厂）开工建造，到1996年时因资金不足停止。

2003年，885项目获得了额外的资金而得以重新启动。885型攻击核潜艇首艇于2010年6月15日下水，2014年服役。

基本参数	
艇长	111米
艇宽	12米
吃水深度	8.4米
水下排水量	13800吨
水下航速	28节
潜深	600米
自持力	100天
艇员编制	65人
动力系统	1座VM/KTP-6型压水堆 1台主汽轮减速齿轮机组 2台涡轮发电机

▲ 885型攻击核潜艇下水仪式

■ 作战性能

885型攻击核潜艇具有安全性好、自动化程度高、火力超强三个主要特点，不仅能对陆攻击，还具有很强的战略反潜能力来应对弹道导弹核潜艇。它采用俄罗斯最先进的潜艇技术设计制造，充分反映了俄罗斯潜艇向多用途、深潜、安静、自动化发展的趋势。西方潜艇专家认为，该级潜艇具备的先进技术和总体性能，至少与美制海狼级攻击核潜艇相当。

知识链接 >>

北德文斯克于1938年建市，是俄罗斯北部重要的港口城市。其位于北德维纳河口、白海之滨，是北冰洋沿岸主要舰船制造中心。北德文斯克造船厂（苏联时期名称为"402厂"）是苏联/俄罗斯最著名的造船厂。此外，筑路机械制造和建筑材料业亦为该市主要工业部门。在军事战略方面，该市是俄罗斯北海舰队重要基地之一。

▲ 系泊中的885型攻击核潜艇

TYPE 659 ECHO I-CLASS
659型回声 I 级巡航导弹核潜艇
（苏联/俄罗斯）

■ 简要介绍

659型巡航导弹核潜艇，北约代号回声 I 级，是苏联/俄罗斯海军隶下的一型巡航导弹核潜艇，是苏联/俄罗斯海军第一代巡航导弹核潜艇，也是世界上第一级核动力巡航导弹潜艇，以巡航导弹为主要武器的核潜艇，主要用于攻击水面目标和陆上目标。它的出现使苏联/俄罗斯海军第一次拥有能够威胁美国航母的潜艇部队。

■ 研制历程

1956年，苏联政府决定建造核动力远洋巡航导弹潜艇，试图在远洋抵抗以美国海军为首的同盟国军队航母战斗群，遂以658型战略核潜艇和613型常规潜艇的改装型号为设计蓝本，制定了659型巡航导弹核潜艇计划书。1956年年末，659型研制工程展开，由苏联红宝石设计局负责。659型首艇1958年12月28日在苏联共青城造船厂开工建造，1960年3月12日下水，1961年6月28日服役，至1963年共建造服役了5艘，全部659型艇在苏联解体之后陆续退役。

基本参数	
艇长	111.2米
艇宽	9.2米
吃水深度	7.1米
水下排水量	4920吨
水下航速	29节
潜深	300米
自持力	50天
艇员编制	104人
动力系统	2座V/BM-A型压水堆 2台蒸汽轮机 2台直流柴油发电机 2台经济航速电机 2组蓄电池

■ **作战性能**

659型在上层建筑的两舷共设有6座巡航导弹发射装置，装备6枚水上发射的P–5巡航导弹，艏部有4具533毫米的鱼雷发射管，艉部有4具400毫米的鱼雷发射管，可以发射53–61型鱼雷。659型的导航系统为"冥王星"659型及"灯塔"陀螺仪，声呐系统为M–13"北极"侦察声呐，雷达为"三棱镜"雷达和"涌浪"–M侦察雷达，以及其他导航设备，如计程仪、测冰仪和潜望镜等。

知识链接 >>

1981年9月，659型K–45艇发生碰撞事故，潜艇艇艏外壳和声呐系统被彻底摧毁。1983年8月，659型K–122艇Ⅶ舱着火，多名乘员死于一氧化碳毒气，之后该艇返厂大修，在1985年10月解除正式役，列入备用役。

▲ 装有SS-N-3反舰导弹的659型核潜艇

TYPE 675 ECHO II-CLASS
675型回声Ⅱ级巡航导弹核潜艇
（苏联/俄罗斯）

■ 简要介绍

675型巡航导弹核潜艇，北约代号回声Ⅱ级，是苏联/俄罗斯海军隶下的一型巡航导弹核潜艇，是苏联/俄罗斯海军第二代巡航导弹核潜艇。它是在第一代659型的基础上研制而成的。该级艇是以巡航导弹为主要武器的核潜艇，用于攻击水面目标和陆上目标。导弹系统从P-5改装为P-6，它的作战任务是在大洋和海上运输线上打击敌水面舰船和商船，如果需要前往攻击敌岸/陆上纵深处的目标也可以换装为可携带核弹头的P-5M舰对陆型巡航导弹。

■ 研制历程

由于659型装载的P-5反舰巡航导弹及后续型号只能打击陆上固定目标，不能打击海上移动目标，为了对抗美国攻击型航空母舰的威胁，苏联便在659型的基础上进一步发展了675型核潜艇。

基本参数

艇长	115.4米
艇宽	9.3米
吃水深度	7.4米
水下排水量	5650吨
水下航速	23节
潜深	300米
自持力	90天
艇员编制	104人
动力系统	2座V/BM-A型压水堆 2台蒸汽轮主机组 2台悬挂式蒸汽轮发电机 2台柴油发电机 2组铅酸蓄电池

■ 作战性能

从当时巡航导弹的技术水平看，苏联对675型潜艇的导弹作战使用考虑得还是比较周全的。在捕捉目标信息方面，研制了"成功"目标指示雷达，以接收侦察目标指示飞机发送的信息，以后又发展到接收卫星的目标指示系统，导弹的火控系统"自变量"，除用雷达对导弹进行制导外，还能选择打击目标。尽管如此，675型的作战性能仍然有限。675型巡航导弹核潜艇最初装载的是8枚P-6巡航导弹，这是世界上第一种超视距反舰导弹，同时也是第一种装在潜艇上自导引的导弹。该型导弹不仅具有自带雷达的导引功能，还可以通过使用目标指示雷达系统从侦察目标指示飞机上接收目标信息，实现超视距打击。

由于P-6导弹需要在水面发射，违背了"隐蔽攻击"这一战术原则而受到影响。然而在20世纪60年代初，携带P-6巡航导弹的675型还是有一定打击威力的，这使苏联海军第一次拥有能够威胁美国航母战斗群的潜艇部队。

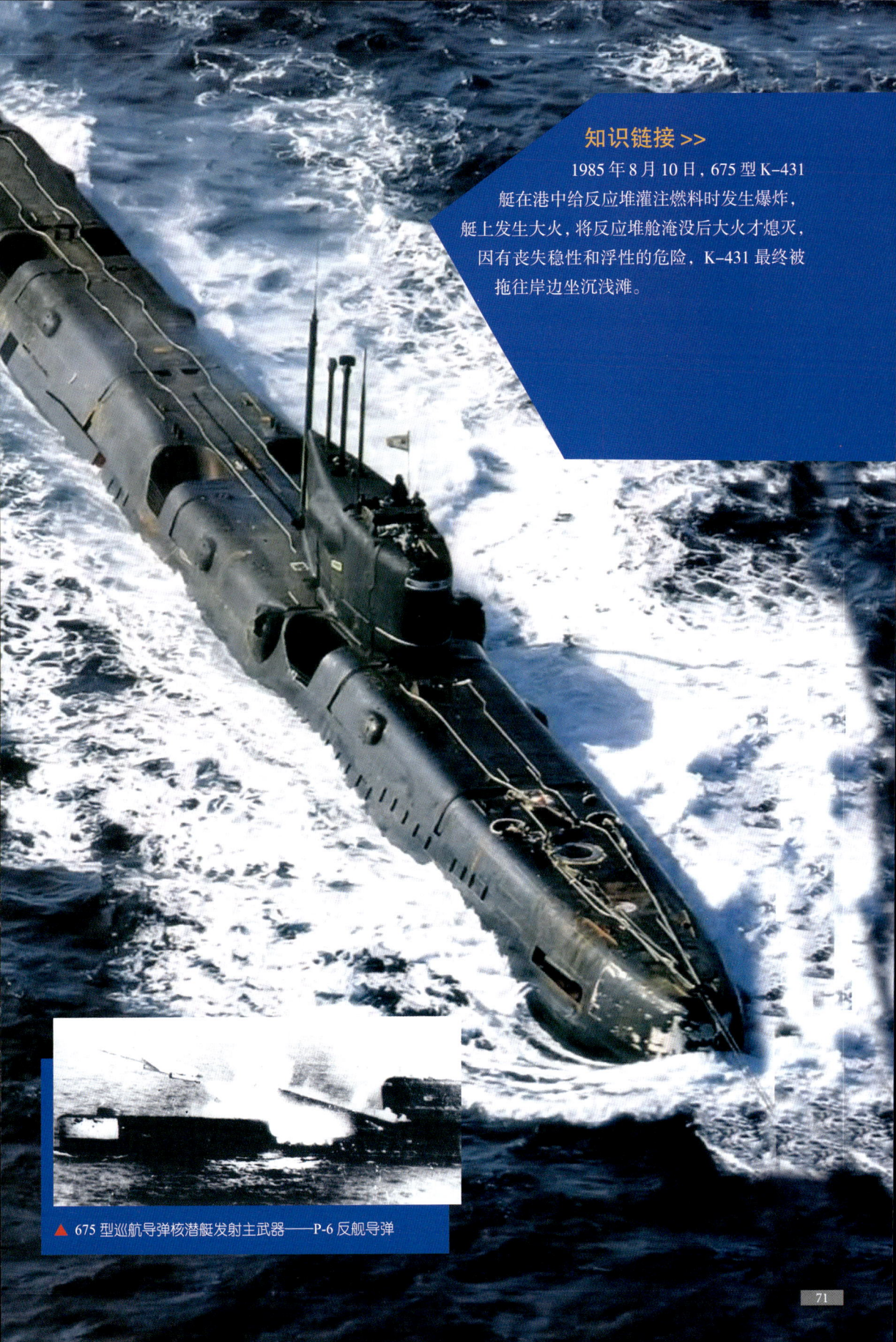

知识链接 >>

1985年8月10日，675型K-431艇在港中给反应堆灌注燃料时发生爆炸，艇上发生大火，将反应堆舱淹没后大火才熄灭，因有丧失稳性和浮性的危险，K-431最终被拖往岸边坐沉浅滩。

▲ 675型巡航导弹核潜艇发射主武器——P-6反舰导弹

TYPE 661 PAPA-CLASS
661型帕帕级巡航导弹核潜艇
（苏联/俄罗斯）

■ 简要介绍

661型巡航导弹核潜艇，北约代号帕帕级，简称P级，是冷战时期苏联海军隶下的一型巡航导弹核潜艇。它是世界上水下航行速度最快的核潜艇，其水下持续航速超过44节，超过了冷战时期美国海军所有的水面作战舰的航速。本级艇也是世界上第一艘以钛合金作为艇体材料建造的潜艇，并且是世界上第一种能够从水下发射导弹的巡航导弹潜艇。

■ 研制历程

1958年，苏联第16中央设计局（今孔雀石设计局）负责开展新一代潜艇的研究、设计、试验工作，这就是后来的661型巡航导弹核潜艇，总设计师最初为伊萨宁，后由舒利任科接任。

661型首艇于1968年12月21日下水，1969年12月31日交付苏联海军北方舰队开始服役，1970年开始试验性运行，至1971年12月才结束。由于技术难、成本高，661型历时11年才建成且仅建成1艘。1988年（一说1989年）12月，661型退役转为后备役，2010年3月5日开始在北德文斯克造船厂拆解。

基本参数

艇长	106.9米
艇宽	11.5米
吃水深度	8.1米
水下排水量	6750吨
水下航速	44.7节
潜深	400米
自持力	70天
艇员编制	80人
动力系统	2座V-5P型压水堆 2台蒸汽轮机 2台蒸汽轮发电机 2组银锌蓄电池为应急电源

■ 作战性能

661型巡航导弹核潜艇是当时水下航行速度最快的核潜艇，其采用钛合金制造耐压艇体，增大了下潜深度；具有水滴型单尾及双尾尾型和双桨布置，使艇具有高速和在垂直面及水平面内良好的机动能力；配备有大功率的水声设备和先进的惯导设备，能远距离发现目标，接收目标指示无须浮出水面；第一次装备了水下发射的"紫晶石"导弹，提高了潜艇发射导弹时的隐蔽性，导弹的飞行高度低，难以拦截。但661型成本高、噪声、结构复杂等缺陷导致其未投入批量生产。

▲ 661型帕帕级巡航导弹核潜艇

知识链接 >>

"紫晶石"导弹由苏联第52试验设计局从1958年7月开始研制，总设计师为切洛麦伊。1962年11月至1966年10月，"紫晶石"导弹在613A型的试验台上试验，1968年列装。"紫晶石"导弹长7米，弹径0.55米，飞行高度60米，起飞重量3650千克，装有固燃起飞助推器和主发动机，飞行速度310米/秒，射程70千米~80千米，使用固体燃料发动机，能从潜艇水下状态发射。

TYPE 670 CHARLIE-CLASS
670型查理级巡航导弹核潜艇
（苏联/俄罗斯）

■ 简要介绍

670型巡航导弹核潜艇，北约代号查理级，简称C级，是苏联/俄罗斯海军隶下的一型巡航导弹核潜艇，是苏联第三代巡航导弹核潜艇。作战任务是探测、跟踪并用巡航导弹和鱼雷打击敌战斗舰艇和护航队中的舰船。它是苏联第一型具有水下发射导弹能力的核潜艇，易于突破反潜防护网，因此能够将P-70导弹射程距离短的缺点转化为优点加以利用，也就是说在接近目标60千米~70千米后发射导弹，敌方能够进行反击的时间很短。在作战使用方面，670型曾有过协同攻击型核潜艇和大型反潜舰跟踪美航母战斗群的记录，是当时作战能力较强的巡航导弹核潜艇。

▲ 670型巡航导弹核潜艇

■ 研制历程

670型巡航导弹核潜艇自1960年由苏联第112中央设计局（今天青石设计局）开始设计建造，至1979年共建造了17艘原型艇（670型）及其改进型（670M型），现已全部退役。

基本参数

艇长	95.5米
艇宽	9.9米
吃水深度	7.5米
水下排水量	4560吨
水下航速	26节
潜深	300米
自持力	60天
艇员编制	100人
动力系统	1座V/BM-4-1/VM-5型压水堆 1台蒸汽轮主机组 2台汽轮发电机 1台柴油发电机 2组铅酸蓄电池 2台喷水推进器

■ 作战性能

670型核潜艇与675型核潜艇相比，增加了卫星数据链，截获敌方目标位置的手段更加可靠，而且携带的P-70导弹可以在潜艇的航速不超过5.5节、海浪达到5级的情况下从水下30米处发射。675型的P-6导弹要靠外界的飞机、卫星等提供目标信息，而670型的P-70导弹的发射控制系统是和艇上的"刻赤"-670声呐、"西格玛"-670导航系统和"拉多加"Π-670鱼雷射击指挥仪配套使用的，发射控制系统从这些观导设备中获得目标的方位、速度的变化，目标距离及目标的运动航向，航速参数以及本艇的航向、航速和纵摇角等数据。

知识链接 >>

1983 年 6 月，670 型 K-429 艇出航验收训练时，由于人为疏忽，未关闭通气管舱门，导致在堪察加彼得罗巴甫洛夫斯克附近水域进水，沉在 39 米水深处。1984 年 8 月，K-429 艇被打捞出水，1985 年 9 月，由于操作中又违反了要求，艇再次沉没。1986 年打捞出水，停泊在港口，成为一艘教学训练用艇。

TYPE 949 OSCAR-CLASS
949型奥斯卡级巡航导弹核潜艇
（苏联/俄罗斯）

■ **简要介绍**

949型巡航导弹核潜艇，北约代号奥斯卡级，又称O级，是苏联/俄罗斯海军隶下的一型核动力巡航导弹潜艇，是苏联/俄罗斯第四代巡航导弹核潜艇，也是俄罗斯反航空母舰的核心力量。它既可在近海海域巡逻，也可在远洋独立作战，对目标实施突然攻击。具有攻击力强、结构独特、生命力强、辐射噪声低、隐身效果好、功率大、航速高、机动能力强、居住性好的特点，但其安全性较差，缺乏自救能力。在971型攻击核潜艇"猎豹"号和美国海狼级攻击核潜艇出现之前，它是世界上最安静的远洋攻击型潜艇。

■ **研制历程**

1969年，新型核潜艇由红宝石设计局开始设计，总设计师为普斯蒂采夫。1977年，普斯蒂采夫去世后改为巴扎诺夫。新型艇的设计代号为949。

949型首艇由北德文斯克造船厂建造，于1980年下水，1982年服役。

基本参数	
艇长	154米
艇宽	18.2米
吃水深度	9.2米
水下排水量	18000吨
水下航速	28节
潜深	500米
自持力	约120天
艇员编制	107人
动力系统	2座VM-5型压水堆 2台蒸汽轮机 2台汽轮发电机

▲ 建造中的949型巡航导弹核潜艇

■ 作战性能

949型巡航导弹核潜艇水下排水量可达18000吨,与美国俄亥俄级战略核潜艇的18700吨大体相当,仅次于苏联/俄罗斯941型战略核潜艇。其排水量大的主要原因是采用了苏联/俄罗斯传统的双壳体结构,同时装备了较多的武器以提高攻防能力,因此可执行多种任务,提高了独立作战的能力。其对近距离目标主要以53型/65型鱼雷实施攻击,对远距离目标主要以3M-45"花岗岩"反舰导弹实施攻击。反潜作战时,949型接到反潜命令后,高速机动接近预定的反潜海域,低速隐蔽搜索航行,声呐采用被动模式;发现目标后,使用反潜导弹或反潜鱼雷直接实施攻击。

知识链接 >>

"库尔斯克"号核潜艇属于949A型艇,是苏联/俄罗斯第四代巡航导弹核潜艇,是单艇火力强大的海军武器装备,也是世界上较大的战术核潜艇,专门用来攻击航空母舰,曾被俄罗斯媒体誉为"航母终结者"。"库尔斯克"号于1994年5月下水,2000年8月12日,该艇在巴伦支海域参加军事演习时发生爆炸并沉没。

▲ 949型巡航导弹核潜艇正视图

TYPE 658 HOTEL-CLASS
658 型旅馆级战略核潜艇（苏联）

■ 简要介绍

658 型战略核潜艇，北约代号旅馆级，简称 H 级，是苏联海军隶下的一型核动力弹道导弹潜艇。它是苏联第一代弹道导弹核潜艇，是苏联由常规动力到核动力、由水上发射到水下发射弹道导弹的过渡型潜艇。它由 627 型攻击核潜艇和 629 型潜艇发展而来。

■ 研制历程

受冷战形势所迫，早在 1956 年批准建造 629 型潜艇时，苏联就已经决定研制其第一艘导弹核潜艇，由当时的列宁格勒（今圣彼得堡）第 18 中央设计局（今红宝石设计局）负责研制工作，总设计师几经调整任命，最终由科瓦列夫担任，他后来也成为苏联全部弹道导弹核潜艇的设计者。

1956 年 8 月 26 日，苏联政府下发了"658 计划"的任务书。1958 年 10 月 17 日，首艇 K-19 艇在北德文斯克 402 造船厂开工建造，1960 年 11 月 12 日完工。到 1962 年，共建成 8 艘 658 型战略核潜艇，均部署在苏联北方舰队，20 世纪 80 年代末全部退役。

基本参数	
艇长	114.1 米
艇宽	9.2 米
吃水深度	7.31 米
水下排水量	5000 吨
水下航速	25 节
潜深	300 米
自持力	50 天
艇员编制	104 人
动力系统	2 座 V/BM-A 型压水堆 2 台汽轮机 1 台柴油机 2 台直流发电机组 2 组蓄电池

■ 作战性能

658 型可发射 SET-65 型反潜鱼雷、53-65K 反舰鱼雷和 53-61 鱼雷，舯部 12 枚 533 毫米的鱼雷存放在架上，4 枚在鱼雷发射管中，艉部另有 4 枚 400 毫米的鱼雷，总共有鱼雷 20 枚。其雷达有"信天翁/海鸥"攻击雷达、"涌浪"侦察雷达和"铬"-K 敌我识别器。658 型配备有"冥王星"-658 综合导航系统及其他导航设备和潜望镜、"列宁格勒"-658 鱼雷射击指挥仪。

▲ 658型战略核潜艇K-19

知识链接 >>

由于658型K-19艇多次发生事故，曾被人们称为"寡妇制造者"，并被拍摄成电影《K-19：寡妇制造者》，该片是根据一位原苏联潜艇指挥官制止一场核爆炸事故的真实事件改编而成的，讲述了苏联第一艘弹道核潜艇发生冷凝系统故障，导致核反应堆系统过热发生核爆炸的故事。

TYPE 667 YANKEE / DELTA-CLASS
667型扬基级/德尔塔级战略核潜艇
（苏联/俄罗斯）

■ 简要介绍

667型战略核潜艇是苏联海军在629型和658型的基础上发展的弹道导弹核潜艇，667型后续系列型号众多，部分改动较大，北约一般将其划分为两代。1967年至1972年建造服役的34艘被北约称为扬基级/杨基级，简称Y级，划为第二代；1972年至1992年建造服役的43艘也是世界上建造数量最多的一级，被北约称为德尔塔级，简称D级，划为第三代。667型与第一代658型相比，在攻击能力、探测能力及自动化水平等方面均上了一个台阶，其性能可与美国的第二代战略核潜艇相媲美。

■ 研制历程

为了抗衡美国，苏联第18中央设计局（今红宝石设计局）在科瓦列夫的领导下从1958年开始研制全新核潜艇，代号为667的技术方案于1962年获得正式批准。

667型首艇K-137于1964年11月4日在北德文斯克402造船厂开工建造，1967年11月27日编入北方舰队第12潜艇队第31师服役。667型艇型号众多，北约分为Y和D两级，共建了77艘。

基本参数			
艇长	128米	水下航速	27节
艇宽	11.7米	潜深	400米
吃水深度	7.9米	自持力	60天
水下排水量	9450吨	艇员编制	114人
动力系统	2座B/VM-4/2型压水堆 2台齿轮传动式汽轮主机 2台自主式轮机发电机 辅助动力为柴油发电机 铅酸蓄电池		

■ 作战性能

667A型艇是第一种大规模批量生产的战略核潜艇。新型核潜艇的生产工艺水平大大提高，它使苏联首次拥有了真正的强大水下核力量。667A和667AY型艇结束了美国在海上的全面优势，667A型艇的变化可以说是革命性的，667A型艇的列装标志着苏联已经实现了从水下发射场到水下导弹基地的质的飞跃。

▲ 667型战略核潜艇

知识链接 >>

1982年10月至1983年5月，667型K-279艇被派往白海，整个冬季在冰层下执行作战任务，一直到春季冰层融化，其间曾利用破冰船更换过一轮艇员。但在1984年该艇曾在水下撞上了一座冰山，艇一直下沉到287米深处，经过艇员努力终于获救并顺利返回基地。

TYPE 941 TYPHOON-CLASS
941型台风级战略核潜艇
（苏联/俄罗斯）

■ 简要介绍

941型战略核潜艇，北约代号台风级，是苏联/俄罗斯海军隶下的一型核动力弹道导弹潜艇，是苏联/俄罗斯第三代/第四代弹道导弹核潜艇。941型的总设计师科瓦列夫认为6艘装备有固体燃料导弹的台风级核潜艇组成的编队是俄罗斯海军主要的战略打击力量，能够完成任何战略任务，只需一艘潜艇的齐射就能给敌人以无法承受的致命打击。

■ 研制历程

1969年，苏联海军下达了研制"941工程"的战术技术任务书，科瓦列夫被任命为941工程的总设计师，其实，基本上苏联所有弹道导弹核潜艇都是由他领衔设计的。

1977年3月3日，首艇TK-208在北德文斯克造船厂开工建造，1981年12月12日服役。最后一艘于1989年服役，共建造了6艘。截至2017年只有1艘仍处于运行状态。

基本参数	
艇长	172.8米
艇宽	23.3米
吃水深度	11.5米
水下排水量	26500吨
水下航速	25节
潜深	400米
自持力	90天
艇员编制	160人
动力系统	2座VM-5型压水堆 1台蒸汽发生装置 2台汽轮主机 4台自主式透平发电机 2台辅助动力为柴油发电机 2组铅酸蓄电池

▲ 941型战略核潜艇巨大的发射井

■ 作战性能

台风级核潜艇的排水量和艇宽几乎是俄亥俄级的 2 倍，但载弹量比俄亥俄级少。美国前 8 艘俄亥俄级装载 24 枚"三叉戟"Ⅰ型导弹；俄亥俄级第 9 艘至第 18 艘潜艇装载 24 枚"三叉戟"Ⅱ型导弹；而台风级却只能携带 20 枚 P-39 型导弹。台风级最大的特点是可以同时齐射 2 发 P-39 型导弹，这是世界上其他任何级别的弹道导弹潜艇都无法做到的。在载弹数量、导弹精确度和发射重量上俄亥俄级略占优势；在分导弹头数量、单艇导弹破坏当量及发射时间上台风级略占优势；而在发射准备条件和导弹射程上两者基本持平。

▲ 941 型战略核潜艇

知识链接 >>

2010 年春，俄美签署了第三阶段削减战略进攻性武器条约，条约规定：双方部署展开的核弹头数量最多为 1550 枚。俄台风级每艘最多可携带 200 枚核弹头，如果 3 艘全部满载，几乎将占新条约限制标准的一半，而俄海军现役的德尔塔Ⅳ型战略核潜艇和北风之神级战略核潜艇还未计算在内。

TYPE 955 BOREI-CLASS
955型北风之神级战略核潜艇
（苏联/俄罗斯）

■ 简要介绍

955型战略核潜艇，北约代号北风之神级，是苏联/俄罗斯第四代战略核潜艇。从整体战术技术指标上看，955型达到了俄罗斯海军的基本作战要求；从某些技术指标上看，已赶上并略领先于美国俄亥俄级潜艇。在它的身上凝聚了苏联/俄罗斯在潜艇制造技术上的精髓，其在潜艇减震、降噪等方面取得了新突破。955型战略核潜艇为俄罗斯恢复战略核力量、重塑大国形象提供了强有力的保障。

■ 研制历程

955型战略核潜艇由俄罗斯的红宝石设计局设计。最早于1980年代开始论证设计以代替941型战略核潜艇。

955型首艇于2013年1月10日服役；2013年12月23日，2号艇服役；2014年12月19日，3号艇服役。俄罗斯计划最终将建造10艘955型以替代现有所有战略导弹核潜艇，实现海军换代。

基本参数	
艇长	170米
艇宽	13.5米
吃水深度	10米
水下排水量	24000吨
水下航速	29节
潜深	450米
自持力	大于90天
艇员编制	107人
动力系统	1座OK-650B核动力推进系统 1台汽轮机 1台自主涡轮发电机 2台备用柴油发电机 2台辅助水中悬停/码头停驻电动引擎

▲ 航行中的955型战略核潜艇

■ 作战性能

955型战略核潜艇充分代表了俄罗斯高超的潜艇技术。设计人员专门为潜艇增加了新型呼吸混合气净化组、先进的灭火系统,以及可在紧急情况下帮助全体艇员脱险的上浮救生舱,大大提高了潜艇的安全性、可靠性。作为台风级和德尔塔级核潜艇的后继型,北风之神级总体性能有了极大提升,其威力更强、机动性更好、信息化程度更高。该级核潜艇庞大的艇体设计为其破除北冰洋厚厚冰层提供了足够的浮力,其携带的"布拉瓦"导弹可以突破导弹防御系统发起攻击。

知识链接 >>

从整体战术技术指标上看,955型战略核潜艇达到了俄罗斯海军的基本作战要求。但其搭载的"布拉瓦"导弹在投射质量、打击精度和其他一系列技术指标上,与美军俄亥俄级战略核潜艇装备的"三叉戟"Ⅱ导弹相比均处于下风。此外,"三叉戟"导弹自1989年以来已经成功试射了137次,而"布拉瓦"导弹在其仅有的十几次的试射过程中就多次失败,其技术的成熟性和稳定性也无法与"三叉戟"导弹相匹敌。

OBERON-CLASS
奥伯龙级常规潜艇（英国）

■ 简要介绍

奥伯龙级潜艇是英国皇家海军的一级常规动力潜艇。奥伯龙级潜艇注重提高潜艇强度和静音特性，其隐蔽性远超当时的美国与苏联同类潜艇，声呐和电子系统在当时处于世界先进水平。冷战时期，它成为英国水下防线的最前沿力量。由于奥伯龙级潜艇的安静性，它也特别适合执行秘密行动、监视敌舰和特种部队输送任务，在冷战中起到了非常重要的作用。

■ 研制历程

1957年11月28日，奥伯龙级潜艇首艇"奥伯龙"号在英国肯特查塔姆造船厂开工建造，1959年7月18日下水，1961年2月24日正式服役。

1957年至1978年，奥伯龙级潜艇共建造了27艘，现已全部退役。

基本参数	
艇长	90米
艇宽	8.1米
吃水深度	5.5米
水下排水量	2410吨
水下航速	17节
潜深	200米
艇员编制	69人
动力系统	2台V16柴油发动机 2台发电机组 2台直流电动机

▲ 奥伯龙级常规潜艇的鱼雷发射管

■ 作战性能

奥伯龙级潜艇与鼠海豚级潜艇外形基本一致，由于出口广泛，奥伯龙级潜艇出现了很多不同的配置。巴西的奥伯龙级使用了与英国原版不同的维克斯火控系统，后来经过升级，能够使用更先进的 MOD 2 鱼雷。加拿大购买的 3 艘该级潜艇改进了空调系统，还安装了许多通用组件尽可能与加拿大其他潜艇互换，最初配备 MK37 鱼雷，后来升级为 MK48 鱼雷。智利购买的潜艇基本保留了英国的配置，但换装了德国的 SUT 鱼雷。澳大利亚购买的潜艇，则主要使用美国雷达和声呐系统，同时还采用了美国的 MK48 鱼雷。

▲ 奥伯龙级常规潜艇的潜望镜台

知识链接 >>

在冷战时期，英国的水下防线，即奥伯龙级潜艇是最前沿的力量，是英国核潜艇建立的水下屏障，与苏联的常规潜艇展开很多次"猫捉老鼠"的游戏。由于奥伯龙级潜艇的安静性，使它也特别适合执行秘密行动、监视和特种部队输送任务，在冷战中起到了非常重要的作用。

UPHOLDER-CLASS
支持者级常规潜艇（英国）

■ 简要介绍

支持者级潜艇是英国建造的一型常规动力潜艇，用以取代老旧的奥伯龙级潜艇，也是英国皇家海军最后一型常规动力潜艇。它充分吸取了核潜艇研制的成功经验和先进技术，是一级高性能远洋作战潜艇。由于该级潜艇具备水面舰艇所拥有的一些能力，能监控广阔海域，在数周内独立执行任务而不被发现，既能担负由联合国组织领导的任务，又能执行侦察巡逻、护渔、打击毒品走私等任务。

■ 研制历程

支持者级潜艇由维克斯造船工程有限公司研制，首艇"支持者"号于1983年11月在英国巴罗造船厂动工，1986年12月2日下水，于1990年6月9日服役。该级艇初步计划是建造12艘，最终因经费问题被减为4艘。

基本参数	
艇长	73.6米
艇宽	7.6米
吃水深度	5.5米
水下排水量	2400吨
水下航速	20节
潜深	300米
自持力	49天
艇员编制	67人
动力系统	柴电推进 2台柴油机 2台柴油发电机 1台主推进电机 480块蓄电池

▲ 支持者级常规潜艇

作战性能

支持者级潜艇在艇艏有 6 具 533 毫米鱼雷发射管，所搭载的 18 枚鱼雷为"虎鱼"MK24-2 型鱼雷，亦可选用性能更先进且较快速的"剑鱼"鱼雷，这两种系统皆可用于攻击水面舰只或潜艇。"虎鱼"线导鱼雷属于反潜反舰两用鱼雷，半破甲战斗部的爆炸威力相当于 420 千克 TNT，采用银锌电池动力，能够自动修正航迹并且实施连续攻击，航速达 20 节。同时，支持者级潜艇还可以装载多种型号的水雷。

知识链接 >>

支持者级潜艇被加拿大购买后，英国先后为其培训了 4 批潜艇艇员和后勤人员，先进行模拟训练，其后进行实艇操作训练。加拿大海军最初计划为 4 艘潜艇配备 6 组艇员，后来改为 5 组，但最后由于某些原因决定为 4 艘潜艇配备 4 组艇员，没有轮换。

▲ 支持者级常规潜艇

DREADNOUGHT
"无畏"号核潜艇（英国）

■ 简要介绍

"无畏"号核潜艇是英国皇家海军研制建造的一艘核潜艇，是英国第一艘核潜艇，在很大程度上具有仿制和试验的性质，总的来说是一个混合设计产品，其核动力装置购自美国。它开启了英国核潜艇的研制。

■ 研制历程

1955年，美国海军建成了世界上第一艘核潜艇"鹦鹉螺"号，皇家海军部对核潜艇的使用表示赞赏，制订了核潜艇研制计划，并希望能从美国获得核潜艇的技术经验。

1957年6月初，美国与皇家海军关于核反应堆的合作关系进入了一个新的阶段，美国与英国签订了一项协定，根据这项协定，英国可以十分优惠的价格从美国购买用于核反应堆的浓缩铀。

1959年6月12日，"无畏"号核潜艇在维克斯－阿姆斯特朗造船厂开工建造，1960年10月21日下水，1962年装备核反应堆，1963年1月在拉姆斯登码头首次下潜。1963年4月17日服役，1980年退役。

基本参数	
艇长	81米
艇宽	9.5米
吃水深度	7.9米
水下排水量	4000吨
水下航速	28节
潜深	300米
艇员编制	113人
动力系统	1座S5W型压水堆 2台齿轮蒸汽轮机

▲ 航行中的"无畏"号核潜艇

■ 作战性能

"无畏"号核潜艇以美国海军的"大青花鱼"号潜艇和鲣鱼级攻击核潜艇为母型,结合了英国皇家海军对核潜艇结构强度和流体动力等方面的要求,尽管美国电船公司向英国提供了核潜艇的外形和建造经验,但英国最终自行设计了核潜艇的艇体和战斗系统。其另外一个显著的特点是艇艏装备6具新型液压平衡式鱼雷发射管,鱼雷的装填、存放和再装填采用了轨道和推杆式液压装载装置,从而提高了鱼雷再装填时的速度和安全性,其能携带24枚鱼雷。

▲ "无畏"号核潜艇

知识链接 >>

"无畏"号核潜艇的研制是英国核潜艇研制的起点。在"无畏"号建造过程中,英国罗尔斯-罗伊斯公司(又译"劳斯莱斯")与英国原子能机构合作,开发了全新的核动力推进系统。1960年8月31日,英国完全自主设计的第二艘核潜艇"勇士"号装备了罗尔斯-罗伊斯公司的核反应堆。

VALIANT-CLASS
勇士级攻击核潜艇（英国）

■ 简要介绍

勇士级攻击核潜艇是英国皇家海军隶下的一型攻击核潜艇，是英国继"无畏"号核潜艇之后开始批量建造的第一代攻击核潜艇。该级潜艇以"无畏"号为基础，进行了改进升级，由于使用了英国自己研制的核反应堆，因此是皇家海军真正意义上第一代核动力攻击型潜艇。20世纪70年代到90年代初，勇士级攻击核潜艇作为皇家海军主力核动力潜艇服役，在冷战期间主要用于反潜。

■ 研制历程

1960年8月31日，英国完全自主设计的第二艘核潜艇勇士级首艇"勇士"号在英国坎布里亚郡巴罗因弗内斯的维克斯–阿姆斯特朗造船厂订购，1962年1月21日开工，1963年12月3日下水。勇士级2号艇于1965年9月25日在维克斯–阿姆斯特朗造船厂下水。1966年7月18日，"勇士"号服役。

在1965年勇士级下水2艘之后，皇家海军又开始订购3艘改进的勇士级潜艇，首艇以英国首相温斯顿·丘吉尔命名为"丘吉尔"号，因此这3艘改进型有时被称为丘吉尔级潜艇。

基本参数	
艇长	86.9米
艇宽	10.13米
吃水深度	8.2米
水下排水量	4900吨
水下航速	29节
潜深	300米
自持力	103天
动力系统	1座压水堆 2台蒸汽轮机组（1号艇和2号艇） 2台齿轮蒸汽涡轮机（后3艇）

▲ 勇士级攻击核潜艇出港

■ 作战性能

勇士级攻击核潜艇以"无畏"号核潜艇为基础,增大了长度和宽度,增加了排水量,改进了主动力系统,水下航行时更加安静。艇艏设有6具533毫米鱼雷发射管,前2艘最初可携带32枚MK8或MK24型鱼雷,也可携带64枚MK5和MK6型水雷;改装后可携带26枚鱼雷和6枚"鱼叉"AGM-84反舰导弹,也可携带石鱼和海胆型水雷。勇士级后3艘建成时即可使用"鱼叉"反舰导弹。该级潜艇艏部装有大型的2001型主动/被动式声呐,20世纪70年代后期用2020型阵列和2026型拖曳阵列代替。装有使用I波段的1006型警戒雷达,该雷达亦可作导航和领航用,其探测距离为1000千米。

▲ 系泊中的勇士级攻击核潜艇

知识链接 >>

勇士级攻击核潜艇以"无畏"号核潜艇为基础,增加了长度和宽度,增加了排水量,又改进了主动力系统,使水下航行时更加安静,还有1个可以用于无声运行的柴油发电机。在大多数方面与"无畏"号完全相同。勇士级的后3艘改进型,和前2艘相比较,虽然在内部有许多改进,但外型则基本一致。

SWIFTSURE-CLASS
快速级攻击核潜艇（英国）

■ 简要介绍

快速级攻击核潜艇是英国皇家海军隶下的一型攻击核潜艇，是英国第二代攻击核潜艇。快速级攻击核潜艇是英国勇士级攻击核潜艇的后继型，装备新型声呐设备和其他一些电子设备，以提高探测能力，既能承担区域防御作战，也能遂行攻击任务。它用于发现并摧毁敌方潜艇、护卫战略弹道导弹潜艇。

■ 研制历程

1967年11月3日，皇家海军订购了第一艘快速级攻击核潜艇，1969年6月6日在英国坎布里亚郡巴罗因弗内斯的维克斯－阿姆斯特朗造船厂开工建造，1971年9月7日下水，1973年4月17日服役。第二艘于1974年服役。

1975年开始研究其后继型艇，基本上保持"快速"号的艇型和布置方式。但是在动力装置和推进系统降噪措施等方面有了较大改进，以提高航速和降低噪声，共建造了6艘，全部属于皇家海军第一潜艇中队，其中"快速"号已于1992年退役。21世纪初期，快速级剩余的5艘艇陆续退役。

基本参数	
艇长	92.9米
艇宽	9.8米
吃水深度	8.5米
水下排水量	4900吨
水下航速	30节
艇员编制	116人
动力系统	1座RR1型压水堆 1台柴油机发电机 1台应急驱动电机 1台可收缩备用推进器

▲ 快速级攻击核潜艇

■ 作战性能

快速级攻击核潜艇设有 5 具 533 毫米鱼雷发射管,配备马克尼"虎鱼"MK24-2 型鱼雷和 UGM-84B 潜射"捕鲸叉"对舰导弹,备弹 20 枚。"虎鱼"型鱼雷为线导,主/被动寻的,主动寻的航速 35 节时射程 13 千米,被动寻的航速 24 节时射程 29 千米,战斗部 134 千克;可进行再装填,每 15 秒装填 1 枚鱼雷。到 20 世纪 90 年代中期,"虎鱼"被"旗鱼"鱼雷替代。快速级也能携带水雷,替代鱼雷。第一个装载"战斧"巡航导弹的是"辉煌"号,其他艇也陆续装载。休斯公司的"战斧"BLOCK Ⅲ 潜射型巡航导弹,地形匹配惯导系统带有 GPS,射程 1204 千米,战斗部重 347 千克。

▲ 快速级攻击核潜艇

知识链接 >>

维克斯-阿姆斯特朗造船厂是英国主要的潜艇建造厂,也是英国海军后勤供给的主合同商之一。它是通过将维克斯有限公司和阿姆斯特朗-威特沃斯公司合并而建立的(1927 年),原维克斯有限公司成立于 1867 年。该公司一直从事舰艇建造及海军武器的研制工作,为英国海军及其他国家海军提供了大量的各类舰船,仅潜艇就达数百艘。

TRAFALGAR-CLASS
特拉法尔加级攻击核潜艇（英国）

■ 简要介绍

特拉法尔加级攻击核潜艇是英国皇家海军隶下的一型攻击核潜艇，为英国快速级攻击核潜艇的后继型，是英国第三/四代攻击核潜艇。为了减小水中噪声，特拉法尔加级采用了一系列新的技术，如在艇体表面铺设了消声瓦，并在世界上首次采用泵喷射推进器；此外，它选用经过淬火的高频硬化齿轮，因而辐射噪声低，是世界上"标准"的安静型潜艇。它既能承担区域防御作战，也能执行远洋作战任务，主要使命是反潜和反舰，并能进行搜集情报、参加海上封锁、破坏敌交通线、布雷等多种作战任务。

■ 研制历程

1976年年末，英国国防部批准新潜艇计划，宣布正式开始研制新一级的攻击核潜艇，为纪念特拉法尔加战役的胜利，将其命名为"特拉法尔加级"。20世纪90年代初期共建造了7艘该级核潜艇。2018年4月，3艘在役，4艘已退役。

基本参数	
艇长	85.4米
艇宽	9.8米
吃水深度	9.5米
水下排水量	5208吨
水下航速	32节
潜深	300米
自持力	70天
艇员编制	97人
动力系统	1座PWR-1型压水堆 2台蒸汽轮机 2台应急辅助推进柴油发电机组

■ 作战性能

特拉法尔加级攻击核潜艇是一型属于中型排水量、攻击能力较强、造价比较便宜的实用型多功能攻击核潜艇，其主要技术从美国引进，具有鲜明的技术特点。其攻击能力强，它的排水量仅为美国洛杉矶级攻击核潜艇的75%，却装备了"战斧"巡航导弹、"鱼叉"反舰导弹和"旗鱼"鱼雷，使其反潜、反舰能力和对陆攻击能力与洛杉矶级不相上下；使用新型反应堆堆芯，可减少换料经费，减少对环境污染，增大续航力，提高在航率；辐射噪声低，隐身性好；探测能力强；居住性好，自持力强。

知识链接 >>

2007年3月21日，特拉法尔加级"不懈"号在北极附近冰层下突然发生爆炸事故，随后撞破北极冰层紧急浮出海面。2013年4月，德文波特造船厂的一艘特拉法尔加级核潜艇在外部进行焊接工作时，保护覆盖物起火，在消防队到达前，海军人员把火扑灭，潜艇没有受到损坏。

VANGUARD-CLASS
前卫级战略核潜艇（英国）

■ 简要介绍

前卫级战略核潜艇是英国20世纪80年代研制的第二代战略核潜艇。该级艇采用了英国首创的泵喷射推进技术，有效降低辐射噪声，安静性和隐蔽性尤为出色。前卫级更换核反应堆堆芯的间隔预计8年～9年。潜艇外表覆盖均匀的吸声涂层，光导发光潜望镜是前卫级的新特征。

■ 研制历程

1983年12月，美国电船分公司签订英国"三叉戟"系统设计研究合同。同年，英国维克斯-阿姆斯特朗造船工程有限公司签订潜艇合同，并将该级艇命名为"前卫级"，英国建立核威慑力量，装备"三叉戟"Ⅱ型（D-5）导弹的4艘弹道导弹核潜艇可以打击896个目标。

前卫级首艇于1986年9月3日开工建造，1992年3月4日下水，1993年8月14日服役，共建4艘，全部在役。

▲ 前卫级战略核潜艇发射"三叉戟"Ⅱ型导弹

基本参数	
艇长	149.9米
艇宽	12.8米
吃水深度	12米
水下排水量	15900吨
水下航速	25节
潜深	350米
艇员编制	135人
动力系统	1座PWR-2型压水堆 2台蒸汽轮机 2台柴油交流发电机

■ 作战性能

前卫级战略核潜艇装备了 16 枚"三叉戟"Ⅱ型（D-5）潜射弹道核导弹，射程为 12000 千米，使潜艇的战备巡逻海域扩大至 5500 万平方海里。每枚导弹可携带 8 个威力为 150 千吨 TNT 当量的分导式多弹头，每艘艇的弹头数为 128 个，总威力为 19200 千吨 TNT 当量，圆公算偏差 90 米。D-5 能够装载 12 个机动分弹头，但英国制造的限制在 7 个～8 个分弹头，可以攻击敌方的导弹发射井等硬目标，或攻击大城市、港口、军事目标、兵力集结地等大片国土软目标。

知识链接 >>

2015 年 5 月初，英国一名海军机械师通过网络向公众曝出前卫级的 30 项安全及安保漏洞，包括食品卫生投诉、测试失败的导弹是否可以安全启动、导弹安全程序被忽略和对绝密信息的保护等问题。安检漏洞方面，携带进潜艇的包从来不需要检查，去核潜艇的控制室比去大部分的夜店还要容易。此外，潜艇的身份识别系统已经被破坏，保安也不会检查通行证。

AGOSTA-CLASS
阿戈斯塔级常规潜艇（法国）

■ 简要介绍

阿戈斯塔级潜艇，又称奥古斯塔级，是法国研制的一型常规潜艇。其不仅在桂树神级潜艇的基础上有所改进，而且吸取了法国核潜艇的一些设计特点。在设计思想上，把重点放在提高水下航速、水下续航力、降低噪声、加强武备、提高自动化程度等方面。在设备选型上，尽量采用本国研制成熟的新设备与新技术，使该级艇基本达到了设计指标要求，总体性能有所提高，具有良好的水下航行性能和很强的作战能力。其主要使命是在大洋执行巡逻与侦察任务，既可反潜又可反舰。

■ 研制历程

1971—1975年，法国政府在第三个五年建设计划中宣布建造阿戈斯塔级潜艇，由法国DCNS公司研发，首艇"阿戈斯塔"号于1972年开工建造，1977年7月建成并服役，共建造了4艘，于1978年全部服役。该级艇的问世引起不少国家的关注，特别是法国为自己的海军装备该级新潜艇后，更促使外销变为现实。

基本参数

艇长	67.6米
艇宽	6.8米
吃水深度	5.33米
水下排水量	1760吨
水下航速	20.5节
潜深	300米
自持力	45天
艇员编制	54人
动力系统	2台柴油机/2台交流发电机/1台主推进电机/1台经航电机/2组蓄电池

■ 作战性能

阿戈斯塔级潜艇艏部装有4具533毫米鱼雷发射管。发射管的发射方式分气动冲击式和自航式（应急使用），能在潜艇的下潜深度上发射鱼雷。发射管可一管多用，能发射鱼雷、导弹及布放水雷。该级艇艇型优良，航速高、续航力强、武器多、性能好、作战能力强、水声系统性能先进、隐身性能好、自动化程度高；但也存在不少缺陷，如水面航速偏低，加速或减速缓慢，水面低速时操纵性较差，3节以上航速则无法操纵，不能自行离靠码头，储备浮力小，抗沉性差。另外，无锚泊装置，导致海上无法抛锚停泊等。

▲ 阿戈斯塔级常规潜艇发射潜舰导弹

知识链接 >>

阿戈斯塔级潜艇为了减振降噪，采用了优良艇型，柴油发电机组安装在整体弹性基座上，并用吸声材料与壳体绝缘。为了增强该级艇的隐蔽性，艇上加装了水下甚低频拖曳天线，天线长300米，可在水下100米深度上施放和回收，并能在300米水深处接收信号，可以减少艇的暴露率。

SCORPENE-CLASS
鲉鱼级常规潜艇（法国/西班牙）

■ 简要介绍

鲉鱼级潜艇是法国和西班牙为出口国际市场而推出的一型常规动力潜艇。鲉鱼级潜艇结合了法国和西班牙两国潜艇的设计理念，技术灵活，性能先进，可加装 AIP 动力系统，分为标准型、AIP 型和缩小版型。因为这是一款外销型潜艇，所以法国和西班牙并没有装备该级潜艇，但其市场销售情况良好，已成功销往智利、马来西亚、印度和巴西等国家。鲉鱼级潜艇既可以在滨海地区作战，也可以在远海作战，可以执行反舰、反潜、布雷、人员搜救、侦察、封锁、输送特种部队等多种任务。

■ 研制历程

1996 年，法国公开了专门为外销设计的新型柴电潜艇鲉鱼级的概念，并由法国 DCNS 集团（前身为法国舰艇建造局）设计，之后西班牙纳凡蒂亚公司也参与研发，鲉鱼级首艇于 1998 年 7 月在法国瑟堡海军造船厂开工建造，2003 年 11 月 1 日下水，2005 年 9 月 8 日服役，至 2013 年已建造 9 艘，其中 4 艘已服役。

基本参数

艇长	66.4米
艇宽	6.2米
吃水深度	5.5米
水下航速	20节
潜深	200米
自持力	50天
艇员编制	22人
动力系统	4台柴油机 1台主电动机 AIP-MESMA系统（选择性加装）

▲ 即将下水的鲉鱼级常规潜艇

作战性能

鲉鱼级潜艇采用了凯旋级战略核潜艇所利用的一系列先进静音技术,包括采用强化玻璃钢材料以及管路和电子装备安装的改进提高等。武备系统包括6具533毫米舰艏鱼雷发射管,该级潜艇的高抗冲击性的武器装填和发射系统由 DCNS 集团设计制造,配备了一个可以装填鱼雷和导弹等多种武器的综合武器装填舱口。可携带18枚重型鱼雷,必要时根据需要可以换装导弹或30枚水雷。可装备的武器包括"黑鲨"重型鱼雷、F17II 线导重型鱼雷、DM2A4 和 SUT266 线导重型鱼雷、2000 型鱼雷、MK48 型 ADCAP 线导鱼雷以及 SM39 "飞鱼"反舰导弹等。

知识链接 >>

AIP 是"不依赖空气推进装置"的英文缩写,该装置日益受到海军的青睐。常规动力潜艇在水面航行时,用柴油发动机作动力,同时给蓄电池充电;在水下航行时用蓄电池提供动力。潜艇因此要经常浮出水面,不利于隐蔽。为了克服这一缺点,现已研制成无须从空气中获取氧气的潜艇常规动力装置,这就是所谓"不依赖空气推进装置",简称 AIP 系统。

REDOUTABLE-CLASS
可畏级战略核潜艇（法国）

■ 简要介绍

可畏级战略核潜艇，又称不屈级，是法国海军隶下的第一型核动力弹道导弹潜艇。它使法国真正拥有了水下战略核力量，在法国海军史上具有举足轻重的地位。该级潜艇上装备的潜射弹道导弹研制进度快，更换周期短。在可畏级前5艘核潜艇的建造过程中，法国便研制并不断更新和换装了几种型号的弹道导弹。这种做法与美国、苏联以及英国截然不同，既显示了法国在潜射弹道导弹研制方面具有相当可观的实力，又表现出法国发展潜射核威慑力的决心和意志。

■ 研制历程

可畏级战略核潜艇自1958年起，由法国DCNS集团研制，首艇"可畏"号于1964年3月30日开始建造，1967年3月29日下水，1971年12月1日服役，之后又建造了5艘，目前已全部退役。

基本参数	
艇长	128.7米
艇宽	10.6米
吃水深度	10米
水下排水量	8940吨
水下航速	25节
潜深	250米
自持力	90天
艇员编制	114人~135人
动力系统	1座PAT1型压水堆 2台涡轮交流发电机 1台柴油机-电力辅助推进装置

■ 作战性能

可畏级战略核潜艇上的武器装备包括鱼雷和弹道导弹，在艇艏布置有4具533毫米鱼雷发射管，既可发射L5 MOD3反舰/反潜两用鱼雷，也可发射F17 MOD2型线导鱼雷，每艘艇可携带18枚。可装备法国自行研制的SM39"飞鱼"潜射反舰导弹，通过鱼雷发射管发射。可畏级"不挠"号的自卫鱼雷和导弹武器与可畏级前5艘相同。

▲ 可畏级战略核潜艇

知识链接 >>

法国可畏级战略核潜艇的研制很有创意，直接利用导弹试验期潜艇的有关数据，这样便省掉了许多中间环节，缩短了弹道导弹核潜艇的整个研制周期，为法国拥有水下核威慑力量缩短了时间。美国则是首先在水面舰艇上进行多次潜射导弹的发射试验，而后才在核潜艇上做进一步的发射试验，不断完善潜射导弹的技术，直到获得成功。

TRIOMPHANT-CLASS
凯旋级战略核潜艇（法国）

■ **简要介绍**

凯旋级战略核潜艇，又称胜利级，是法国海军隶下的一型核动力弹道导弹潜艇，是法国第二/三代弹道导弹核潜艇。它是法国在役的最先进的战略核潜艇，采用的一些先进技术不同于美国和英国，但仍处于世界领先地位。该级艇用于取代法国原有的可畏级战略核潜艇。该级潜艇由于采用了大量的先进技术，如先进的一体化自然循环核反应堆、全电力推进、整合的静音技术、新型的弹道导弹以及先进的电子侦察设备等，成为法国未来几十年核威慑力量的绝对中坚。

■ **研制历程**

凯旋级战略核潜艇首艇"凯旋"号于1989年6月9日在瑟堡海军造船厂开工建造，1994年3月26日下水，1997年3月21日服役。凯旋级战略核潜艇共建造了4艘，分别为"凯旋"号、"鲁莽"号、"警戒"号和"可惧"号。凯旋级末艇于2010年服役。

基本参数	
艇长	138米
艇宽	12.5米
吃水深度	10.6米
水下排水量	14335吨
水下航速	25节
潜深	400米
自持力	大于60天
艇员编制	111人
动力系统	1座K-15型压水堆装置/2台蒸汽轮机/4台发电机/1台螺旋桨电动机/2台柴油机/1台柴油发电机/1组蓄电池组器

▲ 建造中的凯旋级战略核潜艇

作战性能

凯旋级战略核潜艇作为法国建造吨位较大的战略核潜艇，具有攻击力强、隐身性好、自动化程度高和安全可靠的特点。截至2003年1月，法国拥有各型核弹头348枚，其中由潜射弹道导弹和舰载强击机投掷的有298枚。凯旋级的核打击能力占法国整个核力量的85%以上，因此是法国战略核打击力量的主要支柱。

▲ 凯旋级战略核潜艇

知识链接 >>

凯旋级战略核潜艇外形是光顺的流线型，整个艇体为拉长的水滴型。指挥台围壳细长且高耸，居中靠近艏部，围壳前缘设置有围壳舵，顶部为小型突出整流罩。在指挥台围壳后部、艇中部设有导弹发射筒，该处为圆滑平行舯体。艇体向艇尾方向收缩至平顶式尾舵位置，艇尾水平舵端部设置了固定板，使其操纵面布置形式呈H状，采用泵喷推进器，这些布置都提高了推进效率并降低了噪声。

BARRACUDA-CLASS
梭鱼级攻击核潜艇（法国）

■ 简要介绍

梭鱼级攻击核潜艇，又称叙弗朗级，是法国海军隶下一型核动力攻击型潜艇，是法国第二代攻击核潜艇。它用来替代红宝石级攻击核潜艇。本级艇的设计大量采用了法国凯旋级战略核潜艇的技术，可以装备巡航导弹，以实现远距离深入打击。执行的任务包括反舰、反潜作战，对地攻击，情报收集，危机处理和特种作战。它不仅能为法国战略核潜艇战斗护航，确保其在大洋中自由安全航行，还是法国航母战斗群重要的护航兵力。

■ 研制历程

2005年底，完成了梭鱼级的定型研究阶段；2006年初，梭鱼级首批3艘艇和1个为期10年的综合后勤支持包的研制、工业化和主合同生产正式展开；2006年12月22日，法国国防部正式宣布订购首批6艘梭鱼级核潜艇；2007年9月6日，赛峰集团下属的萨吉姆防务安全公司通过投标竞争获得了主要合同，计划每2年交付1艘。2007年12月在瑟堡船厂开工建造。

基本参数	
艇长	99.5米
艇宽	8.8米
吃水深度	7.3米
水下排水量	5300吨
水下航速	25节
潜深	350米
自持力	50天
艇员编制	60人
动力系统	1座K-15压水堆改进型 2台涡轮减速机组 1台推进电动机 2台应急电机

▲ 即将下水的梭鱼级攻击核潜艇

■ 作战性能

梭鱼级攻击核潜艇采用了许多凯旋级战略核潜艇和鲉鱼级潜艇的先进技术。它与弗吉尼亚级一样，在最大航速、最大下潜深度等性能指标上并不十分突出，远低于美苏两国在冷战时期研制的海狼级攻击核潜艇和971型攻击核潜艇。这主要因为冷战后的军事战略调整，北约攻击核潜艇的作战重点由远洋转向近岸作战。不过，梭鱼级攻击核潜艇在隐身能力、指挥支援系统水平、武器效能方面并不逊色。

知识链接 >>

法国瑟堡海军造船厂所在的瑟堡是法国西北部重要军港和商港，在科唐坦半岛北端，临拉芒什海峡（英吉利海峡）。瑟堡有长达3700米的防波堤，这里有军用船舰制造、造船、机械、冶金、电子等工业。

TYPE 21
21型常规潜艇（德国）

■ 简要介绍

21型常规潜艇，又称XXI型潜艇，是德国在二战期间设计和使用的一型柴电潜艇。它是世界上第一艘真正意义上的"潜"艇，以潜在水下巡逻和作战为宗旨。它首次使用了通气管装置，实现了潜艇向水下航行为主的基本性能的转变，被认为是现代潜艇技术发展过程中的第三个里程碑。21型潜艇所代表的潜艇技术发展方向在战后各国几乎所有型号中都有体现。有不少21型潜艇（包括一些未完工的）被运到苏联，一度作为其海军潜艇部队的主力。

■ 研制历程

1933年，德国的瓦尔特教授开始研制闭式循环发动机，直到1939年才获准制造原型艇V80。1942年11月，德国军队召开会议以讨论新型潜艇，与会者认为，尽管设计概念先进，原型艇V80也显示了出众的性能，但一系列技术问题仍未解决。

1943年6月底，21型潜艇由瓦尔特教授完成初步设计。同年7月8日，设计方案得到批准；8月13日，21型成为德国重点生产型号。21型首艇于1944年5月12日下水，1944年6月27日服役。

▲ 三艘XXI U型船和一艘VII U型船停泊在挪威卑尔根（1945年5月）。中间的XXI型是U-2511

基本参数	
艇长	76.7米
艇宽	6.6米
吃水深度	5.3米
水下排水量	2100吨
水下航速	17.2节
潜深	240米
艇员编制	57人
动力系统	2台6汽缸柴油机 2台电动马达 2台巡航电机

作战性能

21型潜艇进行了一系列技术改进,包括通气管和水压控制的定深装置,半自动鱼雷装填系统、改进型水下听音装置、声呐和雷达警告接收机,以及取消了甲板炮和外部鱼雷储存箱。艇艏6具鱼雷发射管,备有23枚鱼雷,其鱼雷液压装填系统可在10分钟内重新为全部6具发射管装填完毕,比VIIC型上装1个发射管的时间还少。有了鱼雷快速装填系统,它能发起连续攻击,能在20分钟内发射18枚鱼雷,而不必像旧型号那样在发射完全部发射管内的鱼雷后,要退到安全海域重新装填。

▲ 德国海事博物馆保存的VII型潜艇

知识链接 >>

1944年6月27日,21型首艇U-2501号服役,英国方面意识到德国这些新型潜艇的威胁,于是开始有针对性地轰炸有关目标,特别是造船厂和用于运输潜艇大部件的水上运输设施。1944年8月起,英国方面开始在德国潜艇主要试验和训练水域布雷,德国方面只能将潜艇转移到更加深入内陆的吕贝克湾,结果21型潜艇仅1艘可以投入实战。

TYPE 205
205型常规潜艇（德国）

■ 简要介绍

205型潜艇是德国20世纪60年代研制建成的一批常规潜艇。它是在201型潜艇的基础上加长艇身、换装新型机械与声呐系统的进化型，带有试验性质，体形小巧，采用了多种试验性钢材制造，为德国之后潜艇的发展奠定了基础。

■ 研制历程

205型潜艇由德国吕贝克工程设计所设计，首艇U4于1961年4月1日在德国霍瓦兹造船厂开工建造，1962年8月25日下水，1962年11月19日服役。205型潜艇共建造了9艘，其中2艘被分别改进为205A和205B型。此外，201型潜艇中的2艘被改造成该级艇的标准型。为丹麦建造的2艘改进型的该级艇，现已全部退役。

基本参数	
艇长	44.3米
艇宽	4.6米
吃水深度	3.8米
水下排水量	508吨
水下航速	17节
潜深	100米
艇员编制	22人
动力系统	2台柴油机 2台交流发电机 1台SSW电机

▲ 作为景观的205型常规潜艇

■ 作战性能

205型潜艇艇艏设有8具533毫米鱼雷发射管，携带8枚鱼雷或16枚水雷，使用通用公司的"海豹"线导鱼雷，战斗部260千克。主动寻的时射程13千米，航速35节；被动寻的时射程28千米，航速23节。采用电信公司的MK8火控系统。其指挥台围壳上装有汤姆逊无线电公司的"卡里普索"Ⅱ型对海搜索雷达，I波段，雷达预警电子支援设备。

▲ 航行中的205型常规潜艇

知识链接 >>

1961年10月21日，201型U1艇正式进行了命名仪式，于1962年3月20日正式服役。随后的U2艇于1961年1月15日开始建造，1962年5月5日正式服役。U3艇是在U1艇下水后开始建造的，于1962年5月7日建造完成，1962年6月10日服役。1962年4月20日，德国海军的第一支潜艇舰队正式成立，包括3艘201型潜艇。然而由于201型潜艇采用的低磁性钢耐腐性差，入役一年后被迫退役。

TYPE 206
206型常规潜艇（德国）

■ 简要介绍

206型潜艇是德国于20世纪70年代建成的一批常规潜艇。它是以鱼雷为主要武器的小型潜艇，带有很强的冷战气息，体形设计得小巧，采用无磁性金属建造，难以被敌方雷达侦测到。206型潜艇的最初设计是基于205型潜艇，但其有着许多独特性，在德国潜艇设计史上起到了承前启后的重要作用，是继往开来的一型潜艇。

■ 研制历程

206型潜艇自1962年由德国吕贝克工程设计所开始设计，首艇于1969年11月15日在德国霍瓦兹造船厂开工建造，1971年9月28日下水，1973年4月19日服役，共建造了18艘，以U13～U30依次命名。其中12艘于1987年至1992年年初进行了现代化改装，改装后被称为206A型，现已全部退役。未改装的6艘于1996年至1998年间分别退役，其中U19、U20和U21艇在退役后被出售给印度尼西亚。

基本参数	
艇长	48.6米
艇宽	4.6米
吃水深度	4.3米
水下排水量	498吨
水下航速	17节
潜深	200米
自持力	5天
艇员编制	22人
动力系统	2台柴油机 2台交流发电机 1台电动机

■ 作战性能

206型一般装备8枚DM2A1 SEEAAL鱼雷，206A型则装备8枚阿特拉斯公司的DM2A3鱼雷。其中DM2A3线导鱼雷，主动寻的时射程6千米，航速35节；被动寻的时射程28千米，航速23节。

知识链接 >>

鱼雷是一种水中兵器，它可从舰艇、飞机上发射，主要用于攻击敌方水面舰船和潜艇，也可以用于封锁港口和狭窄水道。鱼雷的前身是诞生于19世纪初的"撑杆雷"。英国工程师罗伯特·怀特黑德于1866年成功研制出第一枚鱼雷。

▲ 航行中的206型常规潜艇

TYPE 209
209型常规潜艇（德国）

■ 简要介绍

209型潜艇是德国研制的一型常规潜艇，是出口外销型潜艇，德国海军没有装备。它是以鱼雷为主要武器的中型攻击潜艇，分为1100、1200、1300、1400、1500五个类别，各型艇的吨位、武器设备略有差异，但技术性能大体相同。209型潜艇虽然以206型为基础，但其适航性、排水量、航程、航速、潜深、战斗力和生命力等，较206型都有突破。从技术角度上看，209型潜艇综合性能良好，可在广阔的海域内进行战斗，设计使命是用于近岸巡逻和监视，能执行反潜、反舰、布雷和侦察等各项任务，还能进行远洋巡逻作战。

■ 研制历程

1966年，希腊海军委托德国设计和建造一种柴油动力潜艇，要求水下排水量在1000吨左右。霍瓦兹造船厂和吕贝克工程设计所遂决定以此为契机，在206型潜艇基础上打造一种专门用于出口的通用型潜艇。1967年，新潜艇被正式命名为209型。自20世纪60年代末开始外销。

基本参数	
艇长	54.1米
艇宽	6.2米
吃水深度	5.5米
水下排水量	1207吨
水下航速	21.5节
潜深	200米
自持力	50天
艇员编制	31人
动力系统	4台柴油发动机 4组120芯电池

■ 作战性能

209型的设计遵循了最小尺度原则，在满足设计任务书的要求下，保证主尺度尽量小；包括鱼雷、水雷和导弹，一般采用自航式发射管或带有气动装置的发射管，还可在舷外设置布雷设备；成熟技术与高新技术综合权衡，不能偏废；注重全系统功能优化，各系统设计均

要进行阶段分析、连接分析与空间布置优化等工作来保证全艇总性能与功能最优；单壳体设计原则，易于缩短工期，且便于维修，节省全寿期费用，更易改装；充分利用艇上空间与重量，这是重要原则，即一种空间，多种用途；低压载设计，保持固有稳定性与高效运行。

知识链接 >>

209型常规潜艇是德国自20世纪70年代以来建造数量最多的一型潜艇，出口数量占其生产总数的70%左右，在德国占有重要地位，该型潜艇也是迄今世界上出口量较大的潜艇之一。进入21世纪后，209型常规潜艇依旧能引来新的订单。

TYPE 212
212型常规潜艇（德国/意大利）

■ 简要介绍

212型潜艇是德国/意大利海军隶下的一型常规动力攻击潜艇。本级艇由德国设计建造，是德国优良造舰工艺以及最尖端科技的结晶，也是全世界第一种采用燃料电池的AIP潜艇。在德国潜艇设计师的精心设计下，212A型的艇体拥有最佳的长宽比，舰体线条比德国先前的所有潜艇都更加流畅。本级艇装备的自动火炮系统在潜艇于洋面执行某些特殊任务或面临突发状况时，可让浮航的潜艇在某种程度上近距离压制火力。

■ 研制历程

1990年，德国海军开始酝酿以209型潜艇的子型号1200型潜艇为母型，通过加装燃料电池AIP系统，设计世界上第一艘装备燃料电池AIP系统的潜艇，并换装性能更好的声呐、潜望镜及武器系统等，这就是212型潜艇。

1995年，意大利海军加入了德国212型潜艇计划，双边的合作关系于1996年正式展开；德国随即对212型潜艇的设计进行了修改，将修改的最终版212型称为212A型。

基本参数	
艇长	55.9米
艇宽	7米
水下排水量	1830吨
水下航速	20节
潜深	大于200米
艇员编制	27人
动力系统	1台柴油机 1台永磁电动机 9个第一代PEM燃料电池模块

▲ 212型常规潜艇下水仪式

■ 作战性能

212A型舰艏下方有6具533毫米鱼雷发射管，除了鱼雷发射管内预先装填的6件武器之外，舰上还储存有12件备射武器，并能快速进行再装填。这些鱼雷发射管配备具低音设计的水压弹射系统，不仅能使用鱼雷，也可以发射水雷与导弹。212A型使用德国的新型DM2A4"海鳕"Ⅳ型重型线导鱼雷，此外也能在艇身外加装外挂式水雷布放箱。为了反制来袭的鱼雷，212A型配备了TAU-2000鱼雷对抗系统，由舰上的战斗系统自动控制。TAU-2000包括4具投射系统，每具最多能安装10个发射管，使用的弹药包括反鱼雷诱饵、噪声干扰器等，能发射多个诱饵来反制攻击模式的鱼雷。

▲ 212型常规潜艇

知识链接 >>

212型潜艇由德国哈德威造船厂建造。哈德威造船厂（HDW）是欧洲最现代化的综合性造船厂，也是德国最大的造船厂，能够建造各种类型、各种级别的商船和海军舰艇。该造船厂在集装箱船和非核动力潜艇建造方面处于世界领先地位。哈德威造船厂特别重视潜艇建造技术，如降低噪声的辐射、改进探测设备的探测精度、增大自持力等。

TYPE 214
214型常规潜艇（德国）

■ 简要介绍

214型潜艇是德国研发的一款常规动力潜艇，是德国在畅销全球的209型潜艇的基础上设计的新一代潜艇。德国将212A潜艇的优点引进214潜艇的设计中，因此214型被看作是209型的接替产品，已经出口多国。214型被设计成可执行包括从近海作战到远洋巡逻等多种任务，装备现代化、模块化武器系统，加上AIP系统，使214型潜艇能够反舰和反潜作战，能够执行监视、侦察侦听任务，秘密布雷和收集情报，参加特遣部队，完成训练和作战任务。不论从单向性能指标还是综合指标来看，214型潜艇都代表了常规动力潜艇的技术发展水平。

■ 研制历程

在212A型简化版潜艇概念开发的初始阶段，德国潜艇专家便致力于进一步补充修改，利用212A型和209型的成熟技术和经验，采用模块化设计，研发新一代潜艇。其具有更大的灵活性、便于新技术的植入。1997年1月，德国国防部正式将新一代潜艇命名为214型。

▲ 214型常规潜艇下水仪式

基本参数	
艇长	65米
艇宽	6.3米
吃水深度	6米
水下排水量	1800吨
水下航速	20节
潜深	400米
自持力	84天
艇员编制	22人
动力系统	2台柴油机 2组质子交换膜燃料电池

■ 作战性能

214型潜艇武器系统包括艇艏8具自航式鱼雷发射管，可发射各型鱼雷。发射管呈L形镜像排列，这种配置的优点在于为两侧留出了宝贵的空间用于安装配电板、控制面板或其他设备。其中的3、4、5、6号发射管可发射潜射"鱼叉"AGM-84反舰导弹，鱼雷或导弹可通过最上面的2个发射管装入艇内。

知识链接 >>

214型采用了灵活多样的强化模块设计，标准的214紧凑型设计分为20多个模块，分别对应不同的设备及性能特征，根据艇用设施和作战性能的侧重点不同，有20余款改进型设计方案。这样既是为了满足订货方对潜艇性能和建造工期的要求，也是为了保证不同型号的武器系统顺利装备在潜艇上，从而达到高效武器和造价优化的有机结合。

▲ 214型常规潜艇

YUSHIO-CLASS
汐潮级常规潜艇（日本）

■ 简要介绍

汐潮级潜艇，又称夕潮级，是日本海上自卫队的一型常规动力多用途攻击潜艇，是日本二战后第二代采用水滴型的潜艇，是涡潮级潜艇的后续改良型。该级艇的基本构型特征与涡潮级类似，都是双壳水滴型艇体、单轴五叶螺旋桨、十字艉舵与艇艏水平舵位于指挥台围壳上，但在武装系统、艇体材料上进行了改良，吨位也较涡潮级加大。汐潮级潜艇的建造成功使日本常规潜艇的战术技术性能达到了世界先进水平。

■ 研制历程

1975年，日本海上自卫队决定建造汐潮级。1976年12月21日，汐潮级首艇"汐潮"号在日本三菱重工神户造船所开工建造，1978年5月9日，2号艇"望潮"号在川崎重工船舶海洋公司神户工场开始建造。

之后建造工作由三菱重工与川崎重工平均分摊，依照先后顺序轮流建造，1980年至1989年以每年1艘的进度总共建造了10艘。

基本参数	
艇长	76米
艇宽	9.9米
吃水深度	7.7米
水下排水量	2450吨
水下航速	20节
潜深	300米
自持力	45天
艇员编制	75人
动力系统	2台柴油机 2台交流发电机 1台推进电动机

▲ 汐潮级常规潜艇内部通道

■ 作战性能

汐潮级潜艇能携带18枚鱼雷，其中管内6枚，高于涡潮级的16枚。由于艇体尺寸较大，汐潮级的6具533毫米HU-603鱼雷发射管布置于艇艏十分之一处的两舷"肩部"，每侧3具，而不是像涡潮级那样位于艇舯部。汐潮级前4艘最初仅配备美制MK-37C或日本自制的89式鱼雷，后6艘改良型则增加了使用美制"鱼叉"AGM-84反舰导弹的能力，提高了打击威力，前4艘陆续回厂翻修时也追加了此项能力。

汐潮级还首次装备了干扰敌方声呐的气幕弹发射装置，发射后，其装载的化学药剂与海水作用，产生大量气泡以掩护本艇，提高了规避能力。

▲ 汐潮级常规潜艇博物馆

知识链接 >>

川崎重工业株式会社是日本的重工业公司。川崎重工起家于明治维新时代，主要以重工业为主要业务。二战期间该公司为日本军队提供了"飞燕"战斗机、五式战斗机、一式运输机等空军装备，还建造了"榛名"号战列舰和"加贺"号航母。二战结束后，川崎重工仍然保持重要地位，其业务涵盖航空、航天、造船、铁路、发动机、摩托车、机器人等领域，代表了日本科技的先进水平。

HARUSHIO-CLASS
春潮级常规潜艇（日本）

■ 简要介绍

春潮级潜艇是日本海上自卫队的一型常规动力多用途攻击潜艇，是日本汐潮级潜艇的改良型，在设计上延续了前型汐潮级的特点。该级艇与涡潮级和汐潮级同被认为是日本战后的第三代潜艇，其水下机动性能、水下探测能力、适居性、隐蔽性和攻击能力比前两级都有了较大提升。它集中了多项先进技术，使日本战后潜艇制造水平达到了世界常规潜艇制造水平的巅峰。日本舆论界曾称它为除核潜艇之外的"超级"潜艇。

■ 研制历程

春潮级潜艇与汐潮级一样，分别由三菱重工和川崎重工建造。1987年1月23日，汐潮级最后一艘"雪潮"号在三菱重工下水，之后不久春潮级首艇"春潮"号就于1987年4月21日在此开工；2号艇"夏潮"号于1988年4月8日在川崎重工开工。春潮级潜艇共建造了7艘，现已全部退役。

基本参数	
艇长	77.4米
艇宽	10米
吃水深度	7.7米
水下排水量	2750吨
水下航速	20节
潜深	500米
自持力	45天
艇员编制	75人
动力系统	2台柴油机 2台交流发电机 1台主电动机

▲ 系泊中的春潮级潜艇

作战性能

从外观上看，春潮级与汐潮级十分相似，春潮级的武器系统与改进后的汐潮级相同，但它增大了排水量和容积，提高了电池组容量，因此使最高速航行时间和经济续航时间比汐潮级大为提升；综合采用的各种降噪措施，使其成为非常安静的一型潜艇；使用的武器装备和新型声呐，大大提高了搜索和攻击能力。此外，春潮级增大的容积除满足机电设备的需要外，主要用于增加生活空间和平衡重量，这进一步提升和改善了潜艇的居住性，从而增强了人员的战斗能力。

知识链接 >>

三菱重工创立于1884年，是日本最大的军工生产企业。其生产的军事装备如F-2和F-15J型战斗机、90式坦克等，在日本航空自卫队和陆上自卫队中都起到了核心作用。于日本海上自卫队而言，三菱重工则建造了几乎占总量一半的潜艇和三分之一的驱逐舰。综上，三菱重工在日本军工行业的地位可见一斑。

▲ 航行中的春潮级潜艇

OYASHIO-CLASS
亲潮级常规潜艇（日本）

■ 简要介绍

亲潮级潜艇是日本海上自卫队的大型柴电动力攻击潜艇。其因建造项目"平成五年潜艇建造计划"也被称之为05SS潜艇。较前一型春潮级潜艇，亲潮级潜艇有更良好的操控性能，其潜航深度增大、续航力增加、情报处理能力更优越。从整体的静音、声呐、射控、武器系统来说，亲潮级是一种具备顶级水平的远洋柴电潜艇。其满载排水量达3000吨，是世界上在役的大排水量常规潜艇之一，也是世界上最先进的常规潜艇之一。

■ 研制历程

亲潮级潜艇是由日本三菱重工神户造船所和川崎造船神户工场，分别在1998年3月至2008年3月完成的11艘舰造工程。船体构造采用完全复壳式及部分单壳式，船体也从以往的"泪滴型"改变为"叶卷型"，采用NS110高强度钢耐压艇体，有很好的静音性。首艇于1990年服役。

基本参数	
艇长	82米
艇宽	8.9米
吃水深度	7.4米
满载排水量	3000吨
水下航速	20节
潜深	500米
艇员编制	70人
动力系统	2台柴油机 2台交流发电机 2组硫酸电池 1台推进用电动机

▲ 航行中的亲潮级潜艇

■ 作战性能

亲潮级潜艇外形设计融合了低可侦测性与流体力学原理，其指挥台围壳采用倾斜渐缩的堆字造型，以分散敌方大部分主动声呐的反射波，舰体表面力求平滑简洁，尽可能减少潜艇外部的突出物，如此可改善潜艇的流体力学特性，使航行时水流经舰体产生的阻力与噪声降低，有助于增加隐蔽性与动力效率。

亲潮级配备了 ZQQ-6 整合声呐系统，此外还配备最先进的光电搜索/攻击潜望镜组。其作战中枢为 ZYQ-3 战斗系统，可同时导控 6 枚鱼雷接战。从第 8 艘起的本级舰开始以 COTS 商规电脑组件取代原有的部分军规电脑，使得运算能力、维持成本与升级弹性大幅增加；而从第 9 艘本级舰起则增设海上指挥管制系统（MOF），与日本海军的海幕卫星资料传输系统的指挥管制终端机（C2T）相连。

▲ 系泊中的亲潮级潜艇

知识链接 >>

一直以来，日本海上自卫队尤为重视潜艇的发展。二战后，日本潜艇的发展虽有波折，但发展速度却越来越快，特别是日本潜艇的更新换代速度非常快，往往不到 15 年就会推出一款具有突破性发展的量产型潜艇。为了保持至少 22 艘潜艇的规模，日本海上自卫队把亲潮级潜艇的服役时间由原来的 18 年延长到 24 年。

SOURYU-CLASS
苍龙级常规潜艇（日本）

■ 简要介绍

苍龙级潜艇是日本海上自卫队现役最新锐的潜艇类型。它一反日本几十年来为潜艇命名的天文地理名"潮部"规则，成为日本海上自卫队成立以来，第一艘采用"汉字成语部"命名的舰艇。本级艇是日本海上自卫队第一种采用 AIP 动力的潜艇，亦为当今世界上排水量较大的常规动力攻击潜艇之一。日本海上自卫队正在加速新建潜艇装备的更新换代，并推进武器出口和民间军事装备技术的研究发展。

■ 研制历程

日本海上自卫队继亲潮级之后，紧接着推出了浮航排水量 2900 吨的新一代潜艇设计。首舰"苍龙"号由三菱重工神户厂承造，生产作业紧接在亲潮级之后，于 2005 年 3 月 31 日开工，2007 年 12 月 5 日下水，2009 年 3 月 30 日服役。

本级潜艇共建造了 11 艘，全以"龙"命名，"苍龙"号之后，命名为"云龙"号、"白龙"号、"剑龙"号等，最后一艘"凰龙"号于 2015 年 11 月开建，2018 年 10 月 4 日下水。

基本参数	
艇长	84米
艇宽	9.1米
吃水深度	10.3米
水下排水量	3300吨
水下航速	20节
潜深	500米
艇员编制	65人
动力系统	2台柴油机 1台推进用电动机 4台斯特林MK.2封闭循环发动机

▲ 苍龙级在珍珠港

■ 作战性能

苍龙级采用比亲潮级更新一代的 ZYQ-51 潜艇战斗系统，技术上类似日本为水面舰新开发的 ATECS，全面以商务现货供应（COTS），即商规科技取代军用科技；随后苍龙级的 ZYQ-51 又升级为 ZYQ-51C，能与海上自卫队现有的 ZYQ-31 指挥管制支援系统结合。苍龙级采用 ZQQ-7 声呐系统，改良自亲潮级的 ZYQ-6，全系统包括舰艇下方的主/被动阵列声呐、舰艇上方逆探测声呐、两侧大型低频被动阵列声呐以及拖曳阵列声呐等；ZQQ-7 比 ZQQ-6 进一步强化了低频长距离操作能力，也改善了处理浅水海域背景噪声的能力，进入服役后逐步升级为 ZQQ-7B。

知识链接 >>

苍龙级 AIP 潜艇用锂电池替代了铅酸蓄电池。锂电池的优势就是储能密度高，充电速度快，加上体积重量都相对较小，适合在空间紧张的潜艇上使用。不过，它也存在一定的安全隐患，日本曾经有锂电池发生电池过热爆炸的事故。原本日本计划在第5艘苍龙级潜艇上就采用锂电池，后来推迟到第 11 艘苍龙级潜艇上才换装了新电池，足见锂电池技术难题并不简单。

▲ 三菱船厂中的苍龙级

ZWAARDVIS-CLASS
旗鱼级常规潜艇（荷兰）

■ 简要介绍

旗鱼级潜艇是荷兰海军隶下的一级常规潜艇，是冷战时期荷兰潜艇的代表作。该级潜艇采用了比较先进的水滴型艇体、单轴五叶螺旋桨，十字艉舵与艇艏水平舵位于指挥台围壳上，武装系统、艇体材料较先前进行了改良，吨位也较先前加大，后续的海象级以及海龙级都摆脱不了旗鱼级的影子。整体而言，荷兰海军对旗鱼级在服役生涯中的表现是满意的。

■ 研制历程

二战结束后，荷兰自行建造潜艇，使其有条件持续拥有最尖端的水下兵力。1960年代，荷兰决定开发新一代的常规动力潜艇——旗鱼级潜艇，以替代即将退役的2艘海豚级潜艇。

1965年，荷兰海军订购了2艘新一代旗鱼级潜艇。1966年7月14日，旗鱼级首艇"旗鱼"号在荷兰鹿特丹船坞公司开工建造，1970年7月2日下水，1972年8月18日服役。2号艇于1971年5月25日下水，并在1972年10月20日服役，成为当时欧洲罕见的新型潜艇，现已退役。

基本参数	
艇长	66.92米
艇宽	8.4米
吃水深度	7.1米
水下排水量	2460吨
水下航速	20节
潜深	300米
艇员编制	65人
动力系统	3台柴油机 3台发电机 1台推进电动机 2组蓄电池

▲ 旗鱼级常规潜艇

■ 作战性能

旗鱼级潜艇与当时延续自二战的潜艇设计有极大的不同，其构型参照了美国在1950年代末期推出的长颌须鱼级常规潜艇，后者是当时美国一系列划时代高速柴电潜艇之一。旗鱼级潜艇的艇艏安装了6具533毫米鱼雷发射管，艇上鱼雷舱可容纳14枚鱼雷，共可携带20枚美制MK37、MK48与NT37D等鱼雷。旗鱼级的鱼雷发射管为游出式，故无法发射飞弹或水雷。

旗鱼级潜艇的最主要射控装备为MK8鱼雷射控系统，水下侦测装备为DSQS-21主/被动中频搜索与攻击声呐与中频被动测距声呐。

知识链接 >>

旗鱼级潜艇沿袭了长颌须鱼级所有的外型构型特征，是水滴型，十字形艉舵布置，唯一的区别是其艏水平舵改设在指挥台围壳上，而长颌须鱼级则将其设于艇艏。旗鱼级的指挥台后面装有一个大型整流罩，这是其显著的外观特征之一。

▲ 旗鱼级常规潜艇编队

WALRUS-CLASS
海象级常规潜艇（荷兰）

■ 简要介绍

海象级潜艇是荷兰海军隶下的一型常规潜艇，以海洋哺乳动物命名，采用了特殊的X型艉舵。它是北约成员国海军中为数不多的具备远洋航行能力的柴电潜艇，且静音性能好，主要执行秘密侦察任务和其他特种作战任务，利用鱼雷和导弹攻击潜艇和水面舰艇。

■ 研制历程

荷兰海军原计划仅在旗鱼级潜艇基础上进行改进，但在设计过程中由于新技术发展迅速，方案多次修改，最终选择了重新设计的方案，使一级全新设计的潜艇海象级问世。

1978年6月，荷兰海军与鹿特丹船坞公司签订了"海象"号潜艇的建造合同，由鹿特丹船坞公司、挪威造船和船舶修理公司共同建造。

首艇"海象"号于1979年10月11日在鹿特丹船坞公司开工铺设龙骨，因建造问题1989年9月13日才下水，2号艇"海狮"号于1987年6月20日下水，1990年4月25日服役。海象级潜艇共建造了4艘，全部在役。

基本参数	
艇长	67.73米
艇宽	8.4米
吃水深度	6.6米
水下排水量	2650吨
水下航速	20节
潜深	大于300米
自持力	50天
艇员编制	50人
动力系统	3台柴油机 3台交流发电机 1台双电枢主推进电动机 3组蓄电池组

▲ 海象级潜艇

■ 作战性能

海象级潜艇上装有荷兰电信公司生产的"赛瓦考"VIII综合声呐及武器指挥作战系统，将指挥与控制系统、传感器、武器系统全面整合，实现目标探测、识别、跟踪、拦截、消灭一体化。该系统主要包括"吉普赛"（GIPSY）数据系统和"鱼叉"导弹与鱼雷综合火控系统，其所有的计算机系统都使用一种记忆库，可以把传感器传来的数据与存储的数据进行比较。其主要武器为美国霍尼韦尔公司的MK48鱼雷MOD4型或NT37D线导及主/被动声制导鱼雷，也可以发射美国麦道公司生产的潜射"鱼叉"AGM-84反舰导弹。

知识链接 >>

荷兰虽然不是主要的潜艇生产国，但其却有着亮眼的潜艇制造成绩以及优良的使用传统。荷兰潜艇往往勇于进行新的尝试，例如呼吸管的采用就是荷兰潜艇首创。早在1920年代，荷兰就在远东地区部署了一批自制的大型远洋潜艇，比起美国、德国的潜艇毫不逊色。1942年，太平洋上一小群荷兰潜艇击沉敌船舰的数目远超过同时期整个美国潜艇部队的战果。

▲ 海象级潜艇编队

SAURO-CLASS
萨乌罗级常规潜艇（意大利）

■ 简要介绍

萨乌罗级潜艇是意大利海军战后的第二代潜艇，从1980年开始服役，21世纪初逐渐被更新型的212A型潜艇替代。它被设计为适合远洋航行的常规动力攻击型潜艇，主要任务包括反潜、反舰、巡逻、侦察和破坏海上交通线、运送突击队员等。萨乌罗级潜艇及其改进型具有吨位小、航速高、机动性好、噪声低和居住条件比较舒适等优点。萨乌罗级按改进型标准经现代化改装后，装备的电子、武器系统比较先进，综合协调性能较好，是地中海海域活动的一级较好的远洋常规潜艇。它反映出了20世纪60年代末至70年代初意大利的潜艇技术设计水平。

■ 研制历程

虽然相对于其他欧洲国家，意大利海军潜艇部队是一支小型舰队，但其肩负着为北约保卫整个亚德里亚海以及撒丁和西西里的重要海峡的战时使命，因此需要一型能进行远洋航行的攻击型潜艇，由此萨乌罗级潜艇诞生了。萨乌罗级潜艇共建造了8艘，其中3艘已退役。

基本参数

艇长	63.9米
艇宽	6.8米
吃水深度	5.6米
水下排水量	1641吨
水下航速	19节
潜深	250米
自持力	大于30天
艇员编制	49人
动力系统	3台柴油机 3台交流发电机 1台主推进电机

▲ 萨乌罗级潜艇浮出水面

■ 作战性能

萨乌罗级潜艇艇艏装备有 6 具 533 毫米鱼雷发射管，采用液压发射方式，可在最大工作深度发射鱼雷，鱼雷发射管内装鱼雷 6 枚，备用 6 枚，共 12 枚鱼雷。该级艇还可装备 24 枚 VSSM600 型水雷，这种水雷采用复杂的感应引信，能识别各种水面舰艇及潜艇的声、磁和压力特性信号。

萨乌罗级潜艇在设计上十分重视提高隐蔽性和降低噪声，艇体设计使其具有最佳水动力性能，艇的外形几乎没有平面，上层建筑较小，减小了声呐探测的目标反射强度；采用低转速 7 叶大侧斜螺旋桨，自噪声小，且减小了高速航行时空泡产生的概率。

知识链接 >>

二战以后，意大利研制了其战后第一型潜艇——托蒂级潜艇，首艇于 1965 年开始服役，该级艇与同时期的德国 205 型潜艇和 206 型潜艇相当，属于 500 吨级的小型近海防御型潜艇，主要任务是反潜。为执行远洋航行任务，萨乌罗级潜艇应运而生。

▲ 航行中的萨乌罗级潜艇

COLLINS-CLASS
柯林斯级常规潜艇（澳大利亚）

■ 简要介绍

柯林斯级潜艇是澳大利亚海军的一级常规潜艇。其性能、武器威力、安静性和自动化水平都属世界先进水平，主要任务是反舰、反潜、警戒、搜集情报、布雷和执行运送潜水员登陆等特种任务，活动海区为中远海，也可用于执行远程作战任务。柯林斯级潜艇服役后各种故障不断。主要是因为对潜艇性能的盲目要求，导致设计公司在没有大型潜艇建造经验的情况下，采用简单放大的方法以满足主要指标，影响了潜艇的可靠性。

■ 研制历程

1987年6月3日，考库姆造船公司与澳大利亚海军在堪培拉议会大厦签订了建造6艘柯林斯级潜艇的合同，由考库姆造船公司位于澳大利亚南部的阿德莱德造船厂承担建造任务。

首艇于1989年在考库姆造船公司船厂开工建造，之后转移到阿德莱德造船厂建造，共建造6艘，全部在役。

■ 作战性能

柯林斯级潜艇配备有6具533毫米的鱼雷发射管，在艇艏分3组布置于左右两舷，每舷的发射管均可单独操作。武器发射、控制和操作设备均有备份，可发射美国"鱼叉/捕鲸叉"AGM-84反舰导弹和MK48型鱼雷，反舰反潜两用，也可装载水雷。武备配置中增加了多用途发射管的数量和武器携带量，同时注意了雷弹的配比，共携载武器23枚，配备44枚水雷。此外，还可装载巡航导弹以攻击远距离陆上目标，在指挥台围壳顶部还预留有安装对空导弹的空间。

基本参数

艇长	77.5米
艇宽	7.8米
吃水深度	7米
水下排水量	3353吨
水下航速	20节
潜深	300米
自持力	70天
艇员编制	42人
动力系统	3台柴油机 3台交流发电机 1台主推进电机 1台应急推进液压电机 4组管状铅酸蓄电池

知识链接 >>

柯林斯级潜艇服役后各种故障不断,被迫一次次追加预算,其主要问题都集中在动力、噪音、火控和密封这四个方面,此外,由于密封性不好,柯林斯级的漏水量达每小时数百升之多,严重超标,既不敢高速行驶,又不敢深潜,后经重新设计艉轴密封圈才得以解决。

LANGLEY(CV-1)
"兰利"号（CV-1）航空母舰（美国）

■ **简要介绍**

"兰利"号航空母舰，舷号CV-1，是美国的第一艘航空母舰，拉开了美国海军航空母舰建造的帷幕。"兰利"号（CV-1）也是美国最早采用电气推进动力系统的舰船之一。"兰利"号（CV-1）在役期间一直用于进行各项战术训练与演习，为美国海军提供了使用航空母舰的经验，为美国海军探讨航空母舰的早期战术做出了突出贡献。它的出现，对此后的美国海军产生了巨大的影响。

■ **研制历程**

1919年，在参与英国航母改装计划的英国舰船专家坦利·古道尔提供的技术支持下，诺福克海军造船厂欲将一艘名为"木星"号的运煤船改装成航空母舰。

1922年3月20日，"木星"号改装完毕重新服役，后又略做修改，于1922年10月17日开始海试。美国为了纪念航空先驱塞缪尔·兰利博士，将其重新命名为"兰利"号。

1936年，"兰利"号（CV-1）被改装成为水上飞机母舰；1942年2月27日，"兰利"号（CV-1）在任务期间被日本海军陆上攻击机击沉。

基本参数	
舰长	165.2米
舰宽	19.8米
吃水深度	5.8米~7.3米
满载排水量	14700吨
飞行甲板	165.3米×19.8米
航速	15节
续航力	12260海里/10节
舰员编制	468人
动力系统	3台锅炉/2台电动机/2300吨航空燃油

■ **作战性能**

"兰利"号（CV-1）航空母舰飞行甲板上安装了压缩空气型飞机弹射装置，用于弹射载有鱼雷的重型飞机，可将飞机在 18 米长的甲板上加速到 97 千米/小时。甲板上还安装了美国发明的阻拦索，可使飞行速度为 97 千米/小时的飞机在 12 米长的距离上停下来，而不会伤及飞行员和飞机本身。舰上装有 4 门 127 毫米口径火炮，甲板下的两个机库总共可容纳飞机 56 架，这在当时是世界之最。

▲ "朱比特"号于马尔岛海军造船厂，摄于 1913 年

知识链接 >>

1942 年 2 月 27 日，在离芝拉扎港南方 120 千米处，"兰利"号（CV-1）遭到 9 架日本海军岸基一式飞机的攻击，被击中 5 次，并引发无法扑灭的大火，共计 16 人伤亡。"兰利"号（CV-1）在 13 时 32 分发出弃船命令，护航的 2 艘驱逐舰把乘员救起后，为防止其落入日本人手中，以 9 发 100 毫米炮弹和 2 枚鱼雷将"兰利"号（CV-1）击沉，这是美军在太平洋战争中损失的第一艘航空母舰。

LEXINGTON-CLASS
列克星敦级航空母舰（美国）

■ 简要介绍

列克星敦级航空母舰是美国海军隶下的一型航空母舰，是美国在二战前建造的大型航空母舰，也是继"兰利"号航母之后第二批次建造的航母。它由列克星敦级战列巡洋舰改装而来，在诞生之时以 43000 余吨的满载排水量成为全世界各国海军装备中最大的航空母舰，在美国海军中的这一纪录一直保持到 1945 年中途岛级航空母舰的服役才被打破。其为美国海军提供了许多使用航母的宝贵经验，并促使了美国海军以航空母舰为舰队核心的战术的出现。

▲ 列克星敦级航空母舰上的火炮

■ 研制历程

1916 年，美国海军设计了一型 35000 吨~35300 吨级的大型战列巡洋舰，首舰和 2 号舰被分别命名为"列克星敦"号和"萨拉托加"号，这型战列巡洋舰被称为列克星敦级战列巡洋舰。

1922 年 7 月 1 日，美国海军下令将处于建造中的"列克星敦"号和"萨拉托加"号改建成航空母舰。

1925 年 10 月 3 日，首舰"列克星敦"号（CV-2）建成下水，1927 年 12 月 14 日服役。次舰"萨拉托加"号（CV-3）于 1925 年 4 月 7 日下水，1927 年 11 月 16 日服役。

基本参数	
舰长	270.8米
舰宽	32.1米
吃水深度	7.35米
满载排水量	43000吨
航速	33.25节
续航力	10000海里/10节
舰员编制	1900人
动力系统	16台重油专烧锅炉 4台蒸汽轮机

■ 作战性能

列克星敦级航空母舰采用封闭舰艏、单层机库、岛式舰桥，巨大而扁平的烟囱设在右舷，防护装甲与巡洋舰相当；装备有8门MK9型203毫米55倍径火炮（双联4座），12门MK10型127毫米口径L/25高平两用炮（改装前），8座单装位于原MK10型127毫米口径L/25高平两用炮炮位（改装后），16门MK12型127毫米L/38高炮（双联4座位于舰桥前后）；太平洋战争期间加装96门40毫米高射炮（四联23座，双联2座），16门20毫米机炮。列克星敦级航空母舰可以载机91架。

▲ 列克星敦级航空母舰——"萨拉托加"号

知识链接 >>

1942年1月11日，"列克星敦"号在欧胡岛—约翰斯顿—帕迈拉三地之间进行巡逻。当日，威尔森·布朗中将指挥的第11特混舰队/机动团11组建，并由"列克星敦"号担任旗舰。2月16日，舰队前往攻击拉包尔，途中于2月20日被18架日机攻击，"列克星敦"号上的战机与防空炮击落了17架日机。其中，飞行员欧海尔在一场战斗中击落敌机5架，成为单次战斗中的王牌飞行员。

RANGER (CV-4)
"游骑兵"号（CV-4）航空母舰（美国）

■ 简要介绍

"游骑兵"号航空母舰，舷号CV-4，又名"突击者"号，是美国第一艘一开始就按载机舰标准专门设计建造的航母，是二战初期美国大西洋舰队中唯一的大型航空母舰。它是美国在战前就服役的8艘航母之一，与"萨拉托加"号和"企业"号一同"存活"到战后，是唯一一艘没有跟日本海军交战的航母。由于吨位与舰岛较小，飞行甲板狭窄以及耐波性的问题，该型航母并未成为主流，后续的建造计划也被取消，但是其开放式机库成为美国二战中航母设计的特征之一。

■ 研制历程

1927年，美国海军提出了新的五年造舰计划，其中预备建造5艘排水量较小的，即13800吨的新航母。1929年，海军工程署提出了设计方案。1931年9月26日，新型航母在纽波特纽斯造船厂安放龙骨，1933年2月24日下水，掷瓶仪式由当时的第一夫人露·胡佛完成。该航母于1934年6月4日服役，配属大西洋舰队。

基本参数	
舰长	234.4米
舰宽	33.4米
吃水深度	6.8米
满载排水量	17577吨
飞行甲板	234米×33米
航速	29.25节
续航力	10000海里/15节
舰员编制	2148人
动力系统	6台重油专烧锅炉 2台蒸汽轮机

▲ 由前往后分别为"游奇兵"号、"列克星敦"号与"萨拉托加"号。摄于1938年4月8日

■ **作战性能**

"游骑兵"号（CV-4）航空母舰的防御武器设计时为 8 门 203 毫米 L／25 炮，实际安装了 8 门单管 127 毫米防空炮和 40 挺 12.7 毫米机枪。它可搭载飞机约 81 架～86 架，机型为 F-4F 战斗机，常用 54 架加备用 6 架；SBD 无畏式俯冲轰炸机，常用 18 架加备用 3 架。其舰电系统为 CXAM-1 对空雷达。

知识链接 >>

航母下水时都要举行一个掷瓶仪式，此礼是沿袭传统。这是由于古时候航海很危险，于是在新船下水的时候，会把美酒敬献诸神，求得诸神的保佑。另外，当时航海条件差，联络困难，只能用漂流瓶来传信，一旦看到漂流瓶，往往预示着不好的事情发生。所以在新船下水时将香槟摔碎，预示着这艘新船航运平安。

YORKTOWN (CV-5)
"约克城"号（CV-5）航空母舰（美国）

■ 简要介绍

"约克城"号航空母舰，舷号CV-5，是美国海军隶下的一艘航空母舰，是美国约克城级航空母舰的首舰。它是美军第三艘以"约克城"为名的军舰，为纪念美国独立战争中的约克城围城战役。此舰更适用于美国海军的战略及战术运用，既可搭载大量飞机，同时又具有优越的速度与续航距离，只是水下防御有所不足。"约克城"号（CV-5）由于在二战期间的出色表现而获得了3枚战斗勋章。

■ 研制历程

1933年，富兰克林·罗斯福就任美国总统后，拨款建造了2艘航空母舰及若干驱逐舰，从而促成最初的2艘约克城级航空母舰诞生。

1934年5月21日，按照1932年的航母设计蓝本，约克城级航母首舰"约克城"号（CV-5）在纽波特纽斯造船厂开工建造，1936年4月4日下水，1937年9月30日开始服役于弗吉尼亚州诺福克的海军基地。

◀ 被日本俯冲轰炸机击中锅炉冒出浓烟

基本参数

舰长	246.74米
舰宽	33.38米
吃水深度	7.9米
满载排水量	25600吨
飞行甲板	228.6米×33.37米
航速	32.5节
续航力	12000海里/15节
舰员编制	2217人
动力系统	9台锅炉 4台蒸汽轮机 2台柴油轮机

■ 作战性能

"约克城"号（CV-5）航空母舰舰艏及舰艉各设有4座，共8座单管高平两用炮，分别置于左舷及右舷飞行甲板；舰岛前方及后方各设有2座，共4座4联装高炮；舰体各处共有24挺机枪。高平两用炮是当时美国最新式的防空及水平两用舰炮，其2联装版本亦被后来的埃塞克斯级航空母舰沿用。

■ 实战表现

1937年9月30日,"约克城"号航母服役后,参与了美国海军两次舰队演习,并在1940年编入驻太平洋的战斗部队。1941年4月,调返大西洋舰队,防备德国海军攻击商船。1941年12月,日本偷袭珍珠港后,"约克城"号旋即调到美国太平洋舰队,参与了美国在太平洋战场的多场行动。1942年5月,"约克城"号在珊瑚海海战中受到重创,但在短促维修后,参与了6月初的中途岛海战,并与"企业号"航空母舰联手击溃日本的航母部队,扭转战争局势,但日本在海战中再次重创"约克城"号,最终于1942年6月7日在海上翻沉。

知识链接 >>

1942年6月,"约克城"号(CV-5)参加中途岛战役。6月6日下午,负责警戒的日本潜艇发现了"约克城"号(CV-5),其发射的鱼雷击中"约克城"号(CV-5)并击沉了护航的"哈曼"号。随着夜晚的降临,拯救"约克城"号(CV-5)行动被迫终止,"约克城"号(CV-5)没能坚持到第二天天明,于6月7日5时30分倾覆沉没。

▲ 1942年6月4日下午,中途岛海战期间的"约克城"号(CV-5)

ENTERPRISE (CV-6)
"企业"号（CV-6）航空母舰（美国）

■ 简要介绍

"企业"号航空母舰，舷号CV-6，是服役于美国海军的第六艘航空母舰，是约克城级航空母舰的2号舰。它在二战太平洋战争中参与了包括中途岛战役、东所罗门群岛海战、圣克鲁斯群岛海战、瓜达尔卡纳尔岛战役、菲律宾海海战、莱特湾海战在内的一系列重要战斗，成为太平洋战争中美国海军战斗资历最深厚、功勋最卓著的战舰。在"企业"号（CV-6）服役的一生中，共航行442475千米，击沉敌舰71艘，击伤敌舰192艘，击落敌机911架，在美国海军中没有任何一艘军舰能与之相比，"企业"号（CV-6）象征着美国海军的战斗精神。

■ 研制历程

1934年7月6日，约克城级2号舰"企业"号（CV-6）在纽波特纽斯造船厂开工，7月16日开始铺设龙骨，1936年10月3日下水，1938年5月12日入役。"企业"号（CV-6）航空母舰舰名源自美国独立战争期间俘获并更名的一艘英国单桅纵帆船，也是美国历史上第七艘以"企业"命名的舰船。1947年2月17日，"企业"号（CV-6）功成身退。

基本参数	
舰长	246.7米
舰宽	33.2米
吃水深度	6.6米
满载排水量	25909吨
飞行甲板	228.6米×33.37米
航速	32.5节
续航力	7900海里/20节
舰员编制	战时最多2919人
动力系统	9台锅炉 4台蒸汽轮机 2台柴油轮机

▲ 1942年6月4日上午，"企业"号（CV-6）的鱼雷轰炸机正预备起飞

■ 作战性能

约克城级"企业"号（CV-6）的排水量比列克星敦级"列克星敦"号和"萨拉托加"号小了三分之一，却可以装载与后两者数量相同的舰载机和多30%的航空燃料，并拥有更强的机动性，转向更为灵活。当然在提升性能的过程中，约克城级也做出了很多牺牲，为了减轻排水量，约克城级减少了装甲的厚度和防御武器的数量，其最致命的弱点仍在水线以下舰体防御方面，而此情况因动力系统的配置失误更为严重。不过，其内部的上百个水密舱可以保证在恶劣战况下舰体不会轻易沉没。

▲ 1942年5月18日，"企业"号（CV-6）及"大黄蜂"号（CV-7）正从南太平洋赶回珍珠港，预备参与中途岛战役

知识链接 >>

1942年6月2日，中途岛海战中，斯普鲁恩斯率领"企业"号（CV-6）和"大黄蜂"号（CV-7）在中途岛东北埋伏。6月4日晨，33架轰炸机、14架鱼雷机和10架战斗机从"企业"号（CV-6）上起飞搜索日本舰队。"企业"号（CV-6）的33架俯冲轰炸机分为4个编队向最大的两个目标"赤城"号航母和"加贺"号航母俯冲攻击，最终使二者沉没，并重创了"飞龙"号航母。

WASP (CV-7)
"黄蜂"号（CV-7）航空母舰（美国）

■ 简要介绍

"黄蜂"号航空母舰，舷号 CV-7，又名"胡蜂"号，是黄蜂级航空母舰唯一的一艘，也是美国第八艘以"黄蜂"命名的舰船。它是受《华盛顿海军条约》的限制而建造的一艘航母，被迫多次降低吨位，使之看上去是约克城级航空母舰的缩小版本。它还是美国二战期间沉没的最后一艘大型航母，总共获得 2 枚战斗之星勋章。后来美国建造埃塞克斯级航空母舰 CV-18 时，为了纪念它，也命名为"黄蜂"号。

■ 研制历程

1922 年，《华盛顿海军条约》签订。按照条约，美国海军可建造排水总量 135000 吨的航空母舰，且每艘新造航母的排水量不得超过 27000 吨。美国海军开始研究如何有效地运用有限的吨位设计新式航母，最终设计了 2 艘约克城级航空母舰及"黄蜂"号（CV-7）航空母舰。

"黄蜂"号（CV-7）航母于 1936 年 4 月 1 日在美国霍河造船厂开工建造，1939 年 4 月 4 日下水，1940 年 4 月 25 日在波士顿陆军军需基地服役。

基本参数	
舰长	226.1米
舰宽	33.84米
吃水深度	6.75米
满载排水量	19116吨
航速	29.5节
续航力	12000海里/15节 8000海里/20节
舰员编制	1889人（平时） 2367人（战时）
动力系统	6台锅炉 2台反动式蒸汽轮机

▲ 1941 年 5 月，喷火战斗机从"黄蜂"号上（CV-7）起飞

■ 作战性能

"黄蜂"号（CV-7）航空母舰最初安装了 8 座 127 毫米单管两用炮、4 座 28 毫米 4 联装防空炮及 24 挺 12.7 毫米机枪。1942 年换装后，火炮变为 8 座 127 毫米单管两用炮，1 座 40 毫米防空炮，4 座 28 毫米 4 联装防空炮，32 门 20 毫米防空炮，6 挺 12.7 毫米机枪。可舰载 90 架固定翼飞机，机型包括 F3F 战斗机、F4F 战斗机、SB2U 轰炸机。但是它的木制飞行甲板没有装甲防护，尤其是对鱼雷的防御极为薄弱，后期追加的装甲亦无法补救这致命缺陷。

▲ "黄蜂"号（CV-7）被鱼雷击中后起火

知识链接 >>

1942 年 7 月 4 日，日军登陆瓜达尔卡纳尔，美军决定在此进行反攻。于是，"黄蜂"号（CV-7）加入了弗莱彻的支援舰队。同年 8 月 6 日，"黄蜂"号（CV-7）与 2 艘重巡洋舰抵达，提供空中支援。"黄蜂"号（CV-7）的机队摧毁了日军的登陆障碍及碉堡，登陆大体顺利。9 月 15 日，"黄蜂"号（CV-7）被日本潜艇发射的 3 枚鱼雷击中，随后起火。

HORNET (CV-8)
"大黄蜂"号（CV-8）航空母舰（美国）

■ 简要介绍

"大黄蜂"号航空母舰，舷号 CV-8，是美国海军隶下的一艘航空母舰，是美国约克城级航空母舰的 3 号舰。它与约克城级前 2 艘相比，舰体和航速稍有增大，同时加大了水面和水下防护。它从服役到战沉只有 1 年的时间，共获得 4 枚战斗之星勋章，其曾参与突袭东京的军事行动。

■ 研制历程

1939 年 3 月 30 日，美国海军开始为"大黄蜂"号（CV-8）招标。同年 9 月 1 日，欧洲战事爆发。"大黄蜂"号（CV-8）的建造进度随即加快。9 月 25 日在诺斯洛普·格鲁门造船厂铺设龙骨，1940 年 12 月 14 日下水，1941 年 10 月 20 日服役，1942 年 10 月 27 日在圣克鲁斯海战沉没。

基本参数	
舰长	251.3 米
舰宽	25.36 米
吃水深度	7.9 米
满载排水量	26932 吨
飞行甲板	228.6 米 × 34.7 米
航速	34 节
续航力	12500 海里 / 15 节
舰员编制	2700 人
动力系统	9 台锅炉 4 台蒸汽轮机

▲ "大黄蜂"号（CV-8）起火

■ 作战性能

约克城级航母充分吸收了之前美国海军改装、设计、建造航空母舰的经验，同之前建造的"游骑兵"号航母相比，增大了舰体，提高了航速，同时加强了水平和水下防护。"大黄蜂"号（CV-8）也保留了不实用的机库弹射器，在日后被移除。不同的是，其率先升级了火控系统、延长了飞行甲板，并拥有较大的舰艏。

知识链接 >>

1942年6月4日晨，"大黄蜂"号（CV-8）出动"无畏式"俯冲轰炸机、"野猫式"战斗机和"蹂躏者"鱼雷机，奉命攻击日本航空母舰。开始进攻并不顺利，在鱼雷轰炸机攻势中，其第8鱼雷中队被全数击落。俯冲轰炸机队因航向错误，结果一无所获。后来，"大黄蜂"号（CV-8）鱼雷轰炸机队猛烈攻击，为俯冲轰炸机创造了进攻时机，一举摧毁了3艘日本航空母舰。

ESSEX (CV-9)
"埃塞克斯"号（CV-9）航空母舰（美国）

■ 简要介绍

"埃塞克斯"号航空母舰，舷号CV-9，是美国海军隶下的一艘航空母舰，隶属于美国海军的埃塞克斯级航空母舰。它在二战中起到了显著作用，给海军航空兵注入了机动性、持久力和攻击力，促使同盟国海军从日本舰队手中夺取了太平洋的控制权，确保了最终的胜利。二战结束时，"埃塞克斯"号（CV-9）航母因功荣获"总统单位嘉奖"和13枚战役铜星纪念章。"埃塞克斯"号（CV-9）战后曾暂时退役，后来因局部战争的需要，1947年1月9日又重新服役。

■ 研制历程

1941年4月28日，首舰"埃塞克斯"号（CV-9）在纽波特纽斯造船厂开始建造，1942年7月31日下水，1942年12月31日服役。1969年6月30日，历经数次改建，"埃塞克斯"号（CV-9）退役，于1973年除籍，最终在1975年出售拆解。

基本参数	
舰长	265.79米
舰宽	44.99米
吃水深度	8.2米
满载排水量	33000吨
飞行甲板	246米×29.26米
航速	32.7节
续航力	20000海里/15节
舰员编制	2631人
动力系统	8台锅炉 4台齿轮传动式蒸汽轮机 2台柴油轮机

▲ "埃塞克斯"号（CV-9）航空母舰

■ 作战性能

"埃塞克斯"号（CV-9）飞行甲板采用木质结构，其上覆有非常轻的装甲。考虑到军舰要在太平洋水域活动，"埃塞克斯"号（CV-9）提高了续航力。战争期间，随着飞行员、地勤人员和炮手数量的不断增加，"埃塞克斯"号（CV-9）上的住舱十分拥挤。"埃塞克斯"号（CV-9）的防护较约克城级有了改进，水下、水平防护和对空火力都有所加强，舰体分隔更多的水密舱室，这种结构使该级舰中的某些舰只在战争中虽屡遭重创，但没有一艘被击沉。

▲ 1964年11月10日，"埃塞克斯"号（CVS-9）在近海执勤，一架S-2D反潜机刚刚起飞

知识链接 >>

1951年，"埃塞克斯"号（CV-9）完成改建后再次服役，其间"埃塞克斯"号（CV-9）被重编为攻击航母，舰身编号改为CVA-9。1951年后，"埃塞克斯"号进行代号SCB-125改建，增设斜角飞行甲板，并在稍后调往大西洋舰队。1960年，"埃塞克斯"号重编为反潜航母，舰身编号改为CVS-9。除战争外，"埃塞克斯"号也曾参与美国的太空计划，回收了"阿波罗7号"的指挥舱。

YORKTOWN (CV-10)
"约克城"号（CV-10）航空母舰（美国）

■ **简要介绍**

"约克城"号航空母舰，舷号 CV-10，是美国海军隶下的一艘航空母舰，隶属于美国海军的埃塞克斯级航空母舰。作为埃塞克斯级航母的 2 号舰，它在二战中给海军航空兵注入了机动性、持久力和攻击力，促使同盟国海军从日本舰队手中夺取了太平洋的控制权，确保了最终的胜利。

■ **研制历程**

1941 年 12 月，埃塞克斯级 2 号舰在纽波特纽斯造船厂开工建造，建造仅数日，日本偷袭珍珠港，美国正式参与二战，加快了埃塞克斯级航母的建造进度，并重新制订了建造计划。

"约克城"号（CV-10）舰名原为"好人理查德"，为纪念 1942 年 6 月战沉的"约克城"号（CV-5）改为与其同名，1943 年 1 月 21 日下水，随即服役。

1970 年 6 月 27 日，历经数次改建的"约克城"号（CV-10）在费城退役封存，并在 1973 年 6 月 1 日除籍；1975 年 10 月 13 日，被保留改建成"约克城"号海军博物馆正式开放。

▼ "约克城"号（CV-10）正在海上试航。摄于 1943 年

基本参数

舰长	265.79米
舰宽	44.99米
吃水深度	8.2米
满载排水量	36500吨
飞行甲板	246米×29.26米
航速	32.7节
续航力	20000海里/15节
舰员编制	2750人~3450人
动力系统	8台锅炉 4台齿轮传动式蒸汽轮机 2台柴油轮机

■ **作战性能**

"约克城"号（CV-10）航母为了二战期间反舰和防空的需要，装有数量众多、口径各异的火炮，舰上装有 8 门 2 联装 127 毫米口径高平两用炮，用以对付远距离目标。埃塞克斯级航母吸取了先前各级航母的优点，舰型为约克城级的扩大改进型，舰体长宽比为 8∶1；舰桥等上层建筑设置在舰的右舷，共设有 3 部升降机。拦阻系统在舰艉设有 9 条拦阻索，舰艏设有 6 条，可以使飞机在舰艏降落，能阻拦降落重量达 5.4 吨的舰载机。其机库可贮置近百架各型飞机，还可在飞行甲板上停放飞机，这样全舰共可搭载飞机百余架。

知识链接 >>

战后,"约克城"号(CV-10)退役封存,并进行代号"SCB-27A"现代化改建,改建期间被重编为攻击航母 CVA-10。1953 年,"约克城"号完成改建,在西太平洋执勤,然后进行"SCB-125"改装,增设斜角飞行甲板。1957 年,"约克城"号重编为反潜航母,舷号改为 CVS-10,继续留在西太平洋。除冷战冲突外,"约克城"号也参与了美国的太空计划,担任"阿波罗 8 号"指挥舱的救援船。服役末期,"约克城"号被调到大西洋舰队。

LEXINGTON(CV-16)
"列克星敦"号（CV-16）航空母舰
（美国）

■ 简要介绍

"列克星敦"号航空母舰，舷号CV-16，是美国海军埃塞克斯级航空母舰的8号舰，也是美国第五艘以"列克星敦"命名的军舰。它吸取了之前各级航母的优点，在二战太平洋战争中扮演了重要角色且起到了显著作用；在退役前相当长的一段时间内，一直作为美国的训练航母使用，为美国海军舰载机训练大批的飞行员提供了条件。作为美国航母的先驱之一，"列克星敦"号（CV-16）为美国海军航空兵的技术发展做出了历史性的贡献，为美国海军积累了重要的航母战略战术经验。

■ 研制历程

"列克星敦"号（CV-16）航空母舰于1940年9月订购，1941年7月15日在霍河造船厂开工建造，1942年9月26日下水，1943年2月17日服役，参加了二战太平洋战争中进攻日本的战役。战争结束后，"列克星敦"号（CV-16）先后被封存、改装，尔后重新服役，最终于1991年11月8日退役，之后被作为博物馆舰对公众展出。

基本参数	
舰长	265.79米
舰宽	44.99米
吃水深度	7米
满载排水量	36380吨
飞行甲板	246米×29.26米
航速	32.93节
续航力	20000海里/15节
舰员编制	2750人
动力系统	8台锅炉 4台齿轮传动式蒸汽轮机 2台柴油轮机

▶ 1955年9月，"列克星敦"号（CV-16）离开普吉湾，到近海试航

■ 作战性能

"列克星敦"号（CV-16）水线装甲带厚 63 毫米～101 毫米，炮塔装甲厚 127 毫米，炮塔底座装甲厚 28 毫米，飞行甲板装甲厚 38 毫米，机库甲板装甲厚 76 毫米，主甲板装甲厚 38 毫米。二战初期，其上的弹药载量为平均每门 40 毫米炮备弹 800 发，每门 20 毫米炮备弹 4076 发，弹药总重 47 吨，为定编舰载机重的 50%。后来，为了增加航母的干舷和稳性，美国舰船局严格规定航母的弹药载量为每门 40 毫米炮 500 发，每门 20 毫米炮 1420 发。

知识链接 >>

2001 年，"列克星敦"号（CV-16）参与拍摄了电影《珍珠港海战》，为片中的"大黄蜂"号战斗机取景。2003 年 7 月 31 日，美国政府将"列克星敦"号（CV-16）定为国家历史地标。每年都有来自美国及世界其他地区的游客慕名前来参观"列克星敦"号（CV-16）这艘现存历史最长的明星航母。

INDEPENDENCE-CLASS
独立级轻型航空母舰（美国）

■ 简要介绍

独立级航空母舰是美国在二战期间建造的一种轻型航空母舰。在战争中期，它与同样是新服役的埃塞克斯级航母同为太平洋舰队扭转乾坤的关键力量。1944年6月马里亚纳海战中，美军出动6艘埃塞克斯级重型航母和全部9艘独立级轻型航母，一举击溃日本联合舰队剩余的航母力量，此战使日本航母舰队从此失去航空作战能力，沦为莱特湾海战中的"诱饵"部队。

■ 研制历程

二战中，美国海军急需大量航空母舰服役，新造埃塞克斯级无法迅速满足战争的需要，因此美国海军着手将船型适合作航空母舰的9艘克利夫兰级轻巡洋舰改建为轻型航空母舰，并重新定型为独立级。9艘独立级轻型航母均为纽约造船厂建造。

首舰"独立"号原为轻巡洋舰"阿姆斯特丹"号，于1942年2月14日开始改建为轻型航母，12月31日建成服役。后面的8舰也相继在1943年服役。

基本参数	
舰长	189.64米
舰宽	33.74米
吃水深度	7.38米
满载排水量	15200吨
航速	31.5节
续航力	12500海里/15节
舰员编制	1461人
动力系统	4台蒸汽轮机 4台锅炉

▲ 独立级航空母舰"独立"号（CVL-22）

■ 作战性能

独立级航母额定载机包括 12 架战斗机、9 架鱼雷机和 9 架俯冲轰炸机。但后来由于"无畏式"俯冲轰炸机无法折叠机翼,十分浪费空间,最终只能改为搭载 24 架战斗机和 9 架鱼雷机。1945 年,为应对日本自杀飞机的攻击,美国海军曾专门下达指令,要求轻型航母全部搭载 36 架战斗机,但事实上只有本级的"卡伯特"号(CVL-28)舰做到了这一点。

▲ 独立级航空母舰"科本斯"号(CVL-25)

知识链接 >>

1944 年 10 月,独立级航母再度参加莱特湾海战。同年 10 月 24 日,"普林斯顿"号航母被日军的一枚 250 千克穿甲弹击中。此弹击穿飞行甲板和机库,在主装甲板爆炸,引起大火并蔓延至机库。40 分钟后,因大火与浓烟,舰上人员不得不撤离,仅留损管人员与友舰实施救援。最后该舰鱼雷弹头被引爆,将舰体炸裂,美军只得用驱逐舰发射鱼雷将其击沉。该舰是本级航空母舰在战争中损失的唯一一艘。

MIDWAY-CLASS
中途岛级航空母舰（美国）

■ 简要介绍

中途岛级航空母舰是美国海军隶下的一型航空母舰，是美国第一型具有装甲飞行甲板的航空母舰，也是美国第一型最大宽度按能通过巴拿马运河要求而设计的战舰。它是一型全新的航母，比以往的航母大得多，修正了其前型埃塞克斯级航空母舰的问题，有更大的舰体和更低的干舷，装备更强的火力。

■ 研制历程

1942年8月，中途岛级首舰登记注册，为纪念中途岛海战而命名为"中途岛"号，1943年10月27日在纽波特纽斯造船厂开建，1945年3月20日下水，1945年9月10日服役。2号舰"富兰克林·罗斯福"号于1945年4月29日下水。3号舰"珊瑚海"号于1947年10月1日服役。中途岛级航空母舰原计划建造6艘，实际建造了3艘，现已全部退役，其中"中途岛"号被用作博物馆舰。

基本参数	
舰长	295.2米
舰宽	41.5米
吃水深度	9.75米
满载排水量	45000吨
飞行甲板	292.8米×41.5米
航速	32节
续航力	11520海里/15节
舰员编制	4000人
动力系统	12台锅炉 4台蒸汽轮机

■ 作战性能

中途岛级航空母舰"中途岛"号下水时是当时海上最大的航母。中途岛级基本沿袭了埃塞克斯级的舰体设计，舰桥等上层建筑设置在航母的右舷，共设有3部升降机，2部分别在飞行甲板前部和中后部，另在甲板左侧舷有1部。与埃塞克斯级不同的是，其设有装甲甲板，有更大的舰体和更低的干

舷，装备更强的火力。原来本打算使用在巡洋舰上装备的203毫米炮，后发现重点应当是防御飞机的攻击而增强了该级航母的防空火力。中途岛级虽然采用的是全新的设计，但结构存在较大问题，如潮湿、拥挤、过于复杂化，因为很难从结构上进行彻底改装，所以这些问题一直没有得到解决。

知识链接 >>

"中途岛"号航母是美国海军第一艘改装斜角飞行甲板的航空母舰。二战后的舰载机，重量都在直线上升，且降落速度更是大幅增加，新的舰载机降落时动量大不容易停下来，来不及反应撞上停放在甲板前端的飞机。有了斜角甲板后，起飞作业的轴线与降落作业的轴线就能加以区隔，使降落的飞机不至于撞到停放在前面的飞机，斜角甲板被证实是成功的。

SAIPAN-CLASS
塞班级轻型航空母舰（美国）

■ 简要介绍

塞班级航空母舰是美国的一型轻型航空母舰，是以巴尔的摩级重巡洋舰为基础改建的轻型航空母舰，外形酷似独立级，排水量稍大，和"突击者"号相仿，1943年9月登记注册，二战后建成，在一段时间内被用作飞机运输舰，后来美军利用其宽大的飞行甲板和机库，将其改建成指挥舰。

■ 研制历程

1943年7月15日，美国海军对航空母舰（CV）重新进行分类，将9艘独立级航空母舰称为轻型航空母舰（CVL），舷号仍然保持原来序列。在此之前，其中5艘（CV-22至CV-26）已经服役，另外4艘是直接命名为CVL的。后又根据1944年财政预算，建造了2艘塞班级轻型航空母舰（CVL-48和CVL-49）。

基本参数	
舰长	209米
舰宽	23.4米
吃水深度	7.6米
排水量	14500吨
航速	33节
续航力	8000海里/15节
舰员编制	1821人
动力系统	蒸汽轮机

■ 作战性能

塞班级航母装配4联装40毫米炮5座，2联装40毫米炮10座，20毫米机炮若干。"塞班"号在1959年5月一度被用作飞机运输舰，后被改造成指挥舰，舰上装备了各种情报搜集的处理设备，同时增设了作战室和参谋室，以便向其他美舰传送命令，此外，为了装设强有力的通信设备，在飞行甲板上竖起了高25米的天线杆，从而使该舰的形态有所改变。该舰用作指挥舰的时间不长，于1977年退役。

知识链接 >>

美国共建造了独立级与塞班级2级11艘轻型航空母舰。二战中轻型航母被击沉1艘（CVL-23），1艘战后用作原子弹试验靶舰（CVL-22），20世纪50年代初期法国租借2艘（CVL-24和CVL-27）。1959年5月15日，剩下的7艘重新命名为辅助飞机运输舰（AVT）。到20世纪60年代初，当借给法国的2艘轻型航母归还并出售解体后，轻型航母（CVL）的名称正式废止。

▲ 塞班级轻型航空母舰"莱特"号在纽约

FORRESTAL-CLASS
福莱斯特级航空母舰（美国）

■ 简要介绍

福莱斯特级航空母舰是美国在二战结束后建造的第一级航空母舰，也是首批为配合装备喷气式飞机而专门设计建造的航母。该级航空母舰首次采用蒸汽弹射器，斜角、直通混合布置的飞行甲板，是美国第一个从建造时就设有斜角飞行甲板的航母，从而形成了美国当今航母的基本模式，美国海军还以该级航母为基础，改进建造了后来的小鹰级航空母舰。

■ 研制历程

福莱斯特级航空母舰共建造服役4艘，首舰"福莱斯特"号（CVA-59）于1952年7月14日在纽波特纽斯造船厂开工，1954年12月下水，1955年10月1日服役，造价1.89亿美元。

1952年12月16日，2号舰"萨拉托加"号（CVA-60）动工建造，1956年4月14日服役，造价2.14亿美元；3号舰"游骑兵/突击者"号（CVA-61）于1954年8月2日动工建造，1956年9月2日下水，1957年8月10日服役，造价1.73亿美元；4号舰"独立"号（CVA-62）于1955年7月1日动工建造，1958年6月6日下水，1959年1月10日服役，造价2.25亿美元。本级航母现已全部退役。

▲ F-8战机1956年于舰上，斜角甲板、喷气式飞机、拦阻索、蒸汽弹射，四大超级航母要素至此确定，至今超过七十年

基本参数	
舰长	331米
舰宽	76米
吃水深度	10.8米
满载排水量	79250吨
飞行甲板	301.8米×76.3米
航速	30节
续航力	4000海里/30节
舰员编制	2720人
动力系统	4台减速齿轮式蒸汽轮机 8台锅炉

■ 作战性能

福莱斯特级航母采用了美国早年所有的研究成果，做了许多重大的改进，其中最主要的是采用了新技术，即斜角飞行甲板、蒸汽弹射器和光学着陆系统，这些创新增加了飞机出动率，显著提高了作战安全性。

该级航母最初装有 8 门单管 127 毫米火炮，改装后拆除。改装后还装有水面舰艇鱼雷防御系统（SSTDS）；2 座 8 联装"海麻雀"MK29 舰对空导弹发射装置（CV-62 为 3 座）；4 座 MK36 SRBOC 6 管电子对抗红外曳光弹和干扰箔条弹发射器；1 台 SLQ-26"女水妖"拖曳式诱饵，后换装为 SLQ-36"水精"（NIXE）拖曳式诱饵；3 座 MK15 型密集阵近程防御系统。该级航母可搭载最新式的海军飞机约 70 架，最多携载约 80 架。

知识链接 >>

1947 年，美国海军提出建造"美国"号超级航母的计划，遭到空军和陆军的联合反对。然而，"美国"号仍然于 1949 年 4 月 18 日安放龙骨，美国前国防部长詹姆斯·福莱斯特提出抗议，"美国"号被迫停建。20 世纪 50 年代，建造航母呼声再起，设计工作随即展开。为纪念詹姆斯·福莱斯特，美国海军将此级航母命名为"福莱斯特"。

KITTY HAWK-CLASS
小鹰级航空母舰（美国）

■ 简要介绍

小鹰级航空母舰是美国海军隶下的一型常规动力航空母舰。它是美国福莱斯特级航空母舰的改进版本，主要任务是用舰载机对水面、空中和陆上目标进行攻击作战。其性能虽不及后来的核动力航空母舰，但也不失为美国海军航空母舰中的骨干力量。

■ 研制历程

福莱斯特级建造于20世纪50年代，虽然当时被称为"超级航空母舰"，但在前几艘的服役过程中仍发现了一些不足，一些因设计建造而导致的缺点日渐显露。美国从建造第五艘福莱斯特级时，开始进行大幅度改进，由于改进较多且连续建造了4艘，因此将其重新命名为小鹰级航空母舰。

小鹰级航空母舰共建造服役4艘，首舰"小鹰"号于1961年4月29日服役，后续3艘依次为"星座"号、"美国"号、"肯尼迪"号，除"星座"号由布鲁克林造船厂建造外，其他3艘均由纽波特纽斯造船厂建造，现已全部退役。

基本参数	
舰长	323.6米
舰宽	39.6米
吃水深度	11.4米
满载排水量	81780吨
飞行甲板	318.8米×76.8米
航速	30节~32节
续航力	12000海里/20节
舰员编制	5480人
动力系统	8台锅炉 4台蒸汽轮机

▲ "小鹰"号1981年时搭载的S-3反潜机

■ 作战性能

小鹰级航空母舰总体上沿袭了福莱斯特级的设计，其舰型特点、尺寸、排水量、动力装置等都基本相同，飞行甲板面积有所增加，布局也有所改良，在上层建筑、防空武器、电子设备、舰载机配备等方面做了较大改进。小鹰级仍然采用直角加斜角式飞行甲板组合，但优化了整体结构。

小鹰级航空母舰改善了武器装备和电子设施，武器装备有"小猎犬"防空导弹，后更换为3座8联装MK29"海麻雀"防空导弹发射装置，采用半主动雷达制导，3座MK16型密集阵近程防御系统。

▲ "小鹰"号的弹药库

知识链接 >>

1964年10月22日，小鹰级4号舰，即以美国第35任总统约翰·肯尼迪之名命名的"肯尼迪"号在纽波特纽斯造船厂开工，1967年5月27日下水，肯尼迪的女儿参加了命名仪式。"肯尼迪"号也常被称为"大约翰"号。"肯尼迪"号是小鹰级的最后一艘，被认为是小鹰级的改进型，同时也是美国建造的最后一艘常规动力航母。

ENTERPRISE (CVN-65)
"企业"号（CVN-65）航空母舰（美国）

■ 简要介绍

"企业"号航空母舰，舷号 CVN-65，是美国海军及世界第一艘核动力航空母舰，是唯一一艘建成的企业级航空母舰，是美军第八艘以"企业"为名的军舰，同时也是美国的一种多用途超大型航空母舰。美国海军原计划建造 6 艘企业级航空母舰，但因为当时核动力技术不成熟，再加上造价超过预期，军方被迫取消了剩余的订单，转而建造传统动力的小鹰级航母以替补缺额。在这样的发展背景下，"企业"号航空母舰意外地成为一个孤立的舰级。不过，其设计思想对美国第二代核动力航空母舰尼米兹级有着重要的影响。

■ 研制历程

1950 年，经美国"核潜艇之父"里科弗多方游说，美海军作战部长福雷斯特·谢尔曼认为美国不仅需要核潜艇，还需要建造一艘核动力航母。在美国第一艘核潜艇"鹦鹉螺"号的鼓舞下，美国海军开始了核动力航母的研制工作。

"企业"号航空母舰于 1958 年 2 月 4 日在纽波特纽斯造船厂开工建造，1961 年 11 月 25 日服役，2012 年 12 月 1 日退役。

基本参数	
舰长	342.3米
舰宽	40.8米
吃水深度	11.9米
满载排水量	94000吨
飞行甲板	331.6米×76.8米
航速	33节
续航力	400000海里/20节
舰员编制	5695人
动力系统	8座A2W型压水堆 4台蒸汽轮机 4台应急柴油机

▶ 1986 年 9 月 17 日，"企业"号、"特鲁斯顿"号及"阿肯色"号 3 艘核动力军舰正在海上航行

■ 作战性能

"企业"号航母是美国海军唯一一艘具有 8 座核反应堆的舰船，这还是经过精简的构造，在原先的反应堆设计案中，还预留了 1 座传统动力锅炉的安装空间，但没有实现。"企业"号也是唯一一艘配置有 4 片方向舵的航空母舰，美军其他航空母舰都只配置 2 片方向舵。"企业"号还拥有罕见的、类似于巡洋舰的高速船壳设计。除了革命性地采用了核动力推进方式之外，"企业"号还搭载有当时最先进的相控阵雷达技术，比传统旋转式雷达追踪更多空中目标。"企业"号为了配合相控阵雷达的安装因而拥有独特的方形舰桥，这也成为以后新式航空母舰舰桥的设计基调。

知识链接 >>

1962 年，古巴导弹危机爆发，肯尼迪总统于 10 月 19 日下令，"企业"号协同"独立"号航母、"埃塞克斯"号航母紧急部署到佛罗里达州附近海域，用以执行对古巴的海空封锁任务，迫使苏联撤走部署在古巴的中程弹道导弹。最终，美苏之间达成秘密协议，苏联同意中止兴建导弹基地，肯尼迪公开宣布解除封锁。

NIMITZ-CLASS
尼米兹级航空母舰（美国）

■ 简要介绍

尼米兹级航空母舰是美国海军隶下的一型现役核动力多用途航空母舰，是美国第二代核动力航空母舰。尼米兹级航空母舰搭载7种不同用途的舰载飞机，可对敌方飞机、船只、潜艇和陆地目标发动攻击，可以支援陆地作战，保护海上舰队，可以在航空母舰周围几百海里的海面上布雷，实施海上封锁，是美国海军远洋战斗群的核心力量。

■ 研制历程

1965年以后，美国国防部与国会再次认识到航母的价值，于是时任美国国防部长的罗伯特·麦克纳马拉支持美国海军保有15艘航空母舰，促使美国第二代核动力航母尼米兹级出现。

首舰"尼米兹"号于1968年6月由纽波特纽斯造船厂开工建造，1972年5月下水，1975年5月服役。本级航母一共建造了10艘，后续航母有"艾森豪威尔"号、"卡尔文森"号、"罗斯福"号、"林肯"号、"华盛顿"号、"斯坦尼斯"号、"杜鲁门"号、"里根"号和"布什"号。

基本参数	
舰长	332.8米
舰宽	40.8米
吃水深度	11.3米
满载排水量	101196吨
航速	30节
舰员编制	6054人
动力系统	2座A4W型压水堆 4座蒸汽涡轮机

▲ "尼米兹"号舰上的电子战中心

作战性能

前两艘尼米兹级航母配备 3 套短程点防御导弹系统（BPDMS），每套由 1 个 MK25 型 8 联装防空导弹发射器以及 1 个由人工操作的 MK71 雷达/光学瞄准平台控制构成；后续舰则改用 3 套改良型防御导弹系统（IPDMS），包含 MK91 火控雷达与 MK29 轻量化 8 联装发射器，此外，加装 4 门 MK15 近迫武器系统（CIWS）。前两艘尼米兹级在翻修时也换装了改良型防御导弹系统（IPDMS）、MK15 与 MK91。尼米兹级都装设完整的海军战术资料系统（NTDS）以及反潜目标鉴定分析中心（ASCAC）。

知识链接 >>

本级航空母舰以第一艘"尼米兹"号命名，缘于美国海军名将、美国十大五星上将之一的切斯特·威廉·尼米兹。太平洋战争爆发后，尼米兹担任了美国太平洋舰队总司令等职务，主导对日作战。战后他担任海军作战部长直至 1947 年退役。尼米兹于 1966 年逝世。美国联邦政府为了纪念他，将其去世之后所建造的第一艘航空母舰以他的名字命名。

FORD-CLASS
福特级航空母舰（美国）

■ 简要介绍

福特级航空母舰，在其第一艘"福特"号正式定名之前，原本被称为"CVN 21 未来航母计划"，其中"21"意指这是进入21世纪之后的第一个航母设计。美国想通过这一计划打造美国乃至全世界最大的航空母舰。本级航母计划在2058年之前建造10艘，取代尼米兹级成为美国海军舰队的新骨干。

■ 研制历程

打造福特级航空母舰的构想源自1975年。尼米兹级航空母舰订购首批3艘时，美国海军提出一系列关于尼米兹级之后未来航空母舰的概念方案，称为CVNX，涵盖小型、中型和大型航空母舰，共有约50种设计方案。

福特级是美国第一种利用计算机辅助工具（CAD）设计的航空母舰，应用了虚拟影像技术，在设计过程中，能精确模拟每一个设计细节，并且预先解决相关的布局问题，对各部件实际制造的掌握精确度也大幅提高。此外新技术的应用使多组团队可以在同一时间分别进行设计开发，节约了时间。

本级首舰"福特"号于2005年8月11日开工建造，2013年11月9日正式下水，2017年7月22日服役。

■ 作战性能

福特级大量采用先进的侦测、电子战系统，以及C4I设备（包括CEC协同接战能力），能整合舰上一切指管通情与武器射控功能。

在武装方面，包括MK15型密集阵近程防御系统、RAM"公羊"短程防空导弹发射器、MK29"海麻雀"防空导弹发射器等，安装于两舷和舰艉外侧的平台上。未来福特级的武器系统可能会朝向电磁炮甚至直接能量的激光炮的方向发展，而福特级舰上极高的"电力化"程度将为这类高能武器的发展提供良好的先决条件。

基本参数	
舰长	337米
舰宽	41米
吃水深度	12米
满载排水量	112000吨
飞行甲板	333米×78米
航速	大于30节
动力系统	2座A1B型核反应堆

▲ 福特级航母以美国政治家、美国第 37 任副总统和第 38 任总统杰拉尔德·鲁道夫·福特命名。此为福特 1945 年参加美国海军时的照片

知识链接 >>

西屋公司提出的 A5W 反应堆方案败给了贝蒂斯核子动力实验室，福特级的反应堆便称为 A1B。福特级航空母舰配备 2 座 A1B 反应堆，功率较尼米兹级增加 25% 以上。A1B 的堆芯使用寿命长达 50 年，可以使福特级在服役期间都保持正常的动力功率，不需要回到船坞更换堆芯，从而增加了寿命周期内的执勤时间。

TYPE 1123 MOSKVA-CLASS
1123型莫斯科级航空母舰
（苏联/俄罗斯）

■ 简要介绍

1123型航空母舰是苏联/俄罗斯海军隶下的一型直升机母舰，亦称莫斯科级直升机航空母舰，是苏联第一代载机母舰。由于不能搭载固定翼飞机，舰载机全部为直升机，并不能算是真正意义上的航空母舰。1123型还被称作反潜巡洋舰，设计上也如此，舰上武装和雷达主要以反核潜艇为主。战略上，1123型主要为苏联海军提供防御及抵抗西方战略导弹潜艇攻击的能力。虽然其作战使命相对单一且存在设计缺陷，未能走得更远，但它开启了苏联，甚至俄罗斯的航母时代。

■ 研制历程

1959年，戈尔什科夫上将提出要建造反潜巡洋舰，海军司令部立即责成海军中央舰艇建造研究所和第17中央设计局进行设计。1961年3月，设计得到批准，并定名为1123型反潜巡洋舰。

1962年12月15日，首舰"莫斯科"号在第444造船厂（现为尼古拉耶夫造船厂）开工，1968年1月10日服役。1965年1月15日，2号舰"列宁格勒"号（后易名为"圣彼得堡"号）也在第444造船厂动工，1968年1月10日服役。

1123型航空母舰共建造了2艘，部署于黑海舰队，已全部退出现役。

基本参数	
舰长	189米
舰宽	23米
吃水深度	7.6米
满载排水量	17500吨
飞行甲板	81米×34米
航速	29节
续航力	14000海里/12节
舰员编制	850人
动力系统	2台蒸汽轮机/4台锅炉

▲ 1970年1月，"莫斯科"号离开摩洛哥海岸

■ **作战性能**

1123型航空母舰与意大利的维多利亚·维南多级直升机巡洋舰以及法国的"圣女贞德"号直升机母舰相似,只是搭载了更多的直升机,以执行猎杀敌人弹道导弹核潜艇的任务。但是当时由于领导者的原因,该级舰在限制排水量方面做了硬性要求,从而导致该级航空母舰存在不少缺陷,其稳定性、适航性和抗沉性均较差。

■ **实战表现**

1974年8月,1123型"列宁格勒"号应埃及政府邀请前往苏伊士运河执行扫雷任务,这些水雷是1967年埃及方面布设的。"列宁格勒"号在此次扫雷任务中应用了当时最先进的直升机扫雷技术——由"卡-25"直升机拖曳扫雷具进行扫雷,具有安全性高、扫雷速度快等优势。在苏伊士运河扫雷期间,其受到埃及政府的嘉奖。

▲ "莫斯科"号航空母舰

知识链接 >>

1972年11月22日,苏联"雅克-36M"垂直/短距起降战斗机在"莫斯科"号上进行了垂直起飞—垂直降落试验。这次试验标志着苏联海军终于拥有了固定翼舰载机,这一天也被"莫斯科"号航海日志记载为"苏联海军舰载机诞生日"。

KIEV
"基辅"号航空母舰（苏联/俄罗斯）

■ 简要介绍

"基辅"号航空母舰是苏联/俄罗斯海军隶下的一艘航空母舰，是苏联/俄罗斯1143型航空母舰的首舰，也是苏联发展的第二代航空母舰和第一级搭载固定翼舰载机的航空母舰，是世界上第一艘搭载垂直/短距起降战斗机的航母。它装备了具备反舰、防空、全方位反潜、强大火力打击能力的舰载武器，主要使命是执行编队反潜和制空、防空任务，担任编队指挥舰，实施空中侦察和警戒，攻击敌航母编队和水面舰艇，并为其他水面舰艇和潜艇提供反舰导弹超视攻击、中继制导或目标指示，支援两栖作战，实施垂直登陆等。

■ 研制历程

1970年7月21日，首舰"基辅"号在黑海尼古拉耶夫造船厂开工建造，1972年12月26日下水，1977年2月移交苏联海军，作为北方舰队旗舰。

苏联解体后，由俄罗斯继承"基辅"号，但由于苏联解体导致俄罗斯经济实力不足，最终"基辅"号于1993年6月30日正式退役。

■ 作战性能

"基辅"号航空母舰是集重武装和舰载机作战于一身的航空母舰。迥异于美国航母作战定位，"基辅"号即使不携带舰载机，也具有很强的反舰、反潜和防空能力，因为它除了密集众多的雷达预警系统外，还拥有强大的武器系统，完全可以凭借自身独立奋战。然而基辅级航空母舰上的空间被武器装置过多占用，虽然其自身可以拥有强大的作战火力，但搭载的舰载机却比美国航母上的舰载机数量少得多。

基本参数	
舰长	273.1米
舰宽	47.2米
吃水深度	11.05米
满载排水量	41300吨
飞行甲板	195米×20.7米
航速	32节
续航力	4500海里/31节
舰员编制	1200人（未搭载航空人员）
动力系统	4台蒸汽轮机 8台增压锅炉

知识链接 >>

1143型航空母舰无愧于"载机巡洋舰"的称呼,但是有愧于"航母"的称呼。随军事武器功能的细化,人们很少再以"航母"来称呼类似这样的大型载机舰。

MINSK
"明斯克"号航空母舰
（苏联/俄罗斯）

■ 简要介绍

"明斯克"号航空母舰是苏联/俄罗斯海军1143型航空母舰的2号舰，是苏联/俄罗斯海军发展的第二代航空母舰和第一级搭载固定翼舰载机的航空母舰，也是世界上第一级搭载垂直/短距起降战斗机的航空母舰。它对舰载机依赖性较小，即使不搭载舰载机，也能独立完成反舰、防空、反潜作战任务。该舰是一种混合型或者混血型战舰，它综合了航母和导弹巡洋舰的技术特点，从而以较低的吨位实现了多用途作战的能力，成为支撑苏联/俄罗斯海军搜索打击群的重要舰种。

■ 研制历程

"明斯克"号航空母舰以白俄罗斯首府明斯克命名，于1972年12月28日在尼古拉耶夫造船厂开工建造，1975年9月30日下水，1978年9月27日服役。

苏联解体后，由俄罗斯继承该舰，但由于苏联解体后俄罗斯经济实力不足，于1992年5月30日退役。

基本参数	
舰长	273.1米
舰宽	49.2米
吃水深度	11.05米
满载排水量	41300吨
飞行甲板	195米×20.7米
航速	32节
续航力	13000海里/18节
舰员编制	1200人（未搭载航空人员）
动力系统	4台蒸汽轮机 8台增压锅炉

▲ 1986年8月1日，停在"明斯克"号甲板上的"卡-25"直升机和"雅克-38"垂直起降战斗机

■ 作战性能

"明斯克"号航空母舰安装了非常强大的武器系统，装载有大量武器装备，包括反舰导弹、防空导弹、反潜导弹、舰炮、鱼雷等。其舰岛外板向内侧倾斜安装，倾角为10度，能够降低军舰被雷达探测时的信号特征。

1143型航母仍然强调对核武器的防护能力，根据计算，"明斯克"号可以抵挡当量为30000吨的TNT、距离为2000米的空中核爆炸；在相邻的4个舱室不包括机库进水的情况下，可以保持不沉；当机库所在的第五层甲板进水时，可保证相邻的3个舱室不包括机库进水的情况下军舰不沉。

▲ "明斯克"号和其他舰艇编队而行

知识链接 >>

"明斯克"号航空母舰的设计，与美国的航空母舰截然不同，该舰具右舷舰岛和斜角飞行甲板，右舷舰岛占据了很大的空间，与美国的航母"拼命腾出空间停飞机"的设计理念不同，其甲板面积中仅60%作飞机起飞停放之用。舰艏部安装了非常强大的武器系统占用了整个前部甲板，装备有标准的巡洋舰武装，集火力与重武装于一身。

NOVOROSSIYSK
"新罗西斯克"号航空母舰
（苏联/俄罗斯）

■ 简要介绍

"新罗西斯克"号航空母舰是苏联/俄罗斯海军隶下的一艘航空母舰，是苏联/俄罗斯 1143 型航空母舰的 3 号舰。它安装了非常强大的武器系统，装载有大量武器装备，包括反舰导弹、防空导弹、反潜导弹、舰炮、鱼雷等，自身具有极强的作战能力。不过，其载机量低，仅有 33 架，无法像美国航母舰载机连队那样采用混成编制作战。

■ 研制历程

"新罗西斯克"号航空母舰以俄罗斯南部的克拉斯诺达尔边疆区一个港口城市新罗西斯克命名，于 1975 年 9 月 30 日在尼古拉耶夫造船厂开工建造，1978 年 12 月 24 日下水，1982 年 8 月 14 日服役，编入苏联海军太平洋舰队。

苏联解体后，由俄罗斯继承该舰，但由于经济原因，其于 1993 年 10 月退役，1995 年 8 月 1 日被出售，1996 年被韩国买下并拆解。

基本参数	
舰长	273.1米
舰宽	47.2米
吃水深度	11.05米
满载排水量	41300吨
飞行甲板	195米×20.7米
航速	32节
续航力	13000海里/18节
舰员编制	1200人（未搭载航空人员）
动力系统	4台蒸汽轮机 8台增压锅炉

▲ 停在"新罗西斯克"号甲板上的"雅克-38"垂直起降战斗机

■ 作战性能

"新罗西斯克"号从外形上看较同型前两舰虽然没有大的改变,但舰内40%的结构及装备均是重新设计的,最多可搭载28架"雅克-38",其中4架和2架直升机均为露天停放,更换了声呐,取消了鱼雷发射管,更新了反潜指挥装置及综合航行系统,更换为新的SA-N-9防空导弹和CADS-N-1弹炮系统,取消了SS-N-12反舰导弹的预备弹库,此外还扩大了尾鳍稳定器的翼面积,并改变了左舷舰艏舷侧突出部的形状,装备了新型的防空导弹系统和电子战系统。

▲ 航行中的"新罗西斯克"号

知识链接 >>

1993年10月,"新罗西斯克"号退役,1995年8月1日俄罗斯宣布将其出售。1995年年底,"明斯克"号与"新罗西斯克"号以1300万美元的价格被韩国大宇集团以废铁名义买下,大宇集团购入的前提是必须把它们拆解成2平方米左右的钢板并且不能用于军事目的,其中"新罗西斯克"号于1996年1月18日正式交付后,被韩国大宇集团按当时合约拆解。

BAKU
"巴库"号航空母舰（苏联）

■ 简要介绍

"巴库"号航空母舰是苏联海军基辅级航空母舰的最后一艘，也就是4号舰。于1978年年底在乌克兰尼古拉耶夫造船厂动工，1982年3月下水，1987年12月服役，编入苏联海军北方舰队。由于该航母与先前的基辅级同级舰相比有许多改良，包括使用了更先进的雷达、电子战设备和指挥设施，有时也被视为单独的一个舰级。

■ 历史经历

1991年苏联解体后，俄罗斯继承该舰，改名为"戈尔什科夫海军上将"号。由于俄罗斯海军军费大为缩减，舰艇维护不佳，"戈尔什科夫海军上将"号于1992年在码头维修时，舰艇机械舱发生火灾并殃及了轮机舱，此后就一直处于维修状态，1994年又发生了锅炉爆炸的事件，该舰因此彻底丧失了行动能力，停泊在港内，原计划于1995年维修完成后恢复服役，但维修项目随即又被取消，最终于1996年被预定出售。

基本参数	
舰长	273米
舰宽	51.9米
吃水深度	9.42米
满载排水量	44490吨
航速	30节
舰员编制	1600人
动力系统	8台锅炉

■ 作战性能

"巴库"号相较于同级的姊妹舰有许多改良，不仅使用了更先进的雷达、电子战设备和指挥设施，武器系统也更为强大。其主要武器系统重新布置于舰岛之前的前甲板，包括6座2联装SS-N-12反舰导弹发射系统，8座24联装SA-15防空导弹垂直发射系统，2座100毫米70倍径舰炮，8座AK630型30毫米近防武器系统，2座5联装533毫米鱼雷发射管和2座RBU-6000反潜火箭发射器。飞行甲板与空中武力的部分与其他基辅级相同，包括12架"雅克-38"垂直起降战斗机、20架"卡-25"或"卡-27"直升机、2架"卡-31"空中预警直升机，另外，"巴库"号也被作为"雅克-141"垂直起降战斗机的测试平台。

知识链接 >>

2004年1月20日，俄罗斯和印度两国在新德里签署协议，俄方将无偿地向印方提供"戈尔什科夫海军上将"号，但该舰须在俄北德文斯克造船厂接受现代化改装并装备俄制舰载机。当时舰体的改造和升级费用就达到9.7亿美元，另外印度还要为舰载机和武器系统再支付5.3亿美元。2009年，俄罗斯再次将改装费用上涨到29亿美元，经过一番讨价还价，双方总算达成了24亿美元的航母改装费用。

ARGUS
"百眼巨人"号航空母舰（英国）

■ 简要介绍

"百眼巨人"号航空母舰是世界上第一艘全通式甲板航空母舰，它在吸收美国先进技术和经验的基础上，利用商船进行改造而建成。严格来讲，作为航空母舰，"百眼巨人"号是很不成熟的，但是它在航母发展史上的开拓性地位是无法抹杀的，因为它已经具备了现代航空母舰所具有的最基本的特征和形状。它的诞生，标志着世界海上力量发生了从制海权到制海与制空相结合的一次革命性变化，敲响了"巨舰大炮"理论的丧钟。

■ 研制历程

1916年，英国的舰艇设计师总结水上飞机参战以来的经验教训，重新提出了研制可在军舰上起降飞机的航母的问题。

此后，英国的设计师开始对航母的结构进行新的重大修改，并由此推动了"百眼巨人"号的诞生。1917年，英国威廉比尔德莫尔公司开始对"卡吉林"号客轮进行改造，1918年5月完工，1918年9月19日，"百眼巨人"号服役。

基本参数	
舰长	172.2米
舰宽	20.7米
吃水深度	6.4米
满载排水量	15750吨
飞行甲板	长140米
航速	20.2节
续航力	4100海里/10节
舰员编制	373人
动力系统	12台燃油锅炉

■ 作战性能

"百眼巨人"号航空母舰取消了飞行甲板以上所有的上层建筑，飞行跑道前后贯通，形成了全通式的飞行甲板，极大地方便了舰载机的起降作业，形成"平顶船"的样式，这种结构的航母被称为"平原型"，初具了现代航母的雏形。

"百眼巨人"号航空母舰可搭载16架~20架舰载机，其舰载机采用了一种原来在陆基起降的"杜鹃"式鱼雷攻击机，它有折叠式的机翼，能携带450千克重的457毫米鱼雷，具有很强的进攻能力。

■ **实战表现**

1942年6月在"鱼叉"行动中,"百眼巨人"号为马耳他船团的护航舰队提供空中保护,"百眼巨人"号有15架"剑鱼"式攻击机以及"管鼻燕"式战斗机;"鹰"号航空母舰有16架海军型"飓风"战斗机。两艘航空母舰可在同一时间里保持2架"管鼻燕"式与4架~6架"飓风"式战斗机于空中;在作战期间,两艘航空母舰的舰载机共击落了13架敌方战机,自身则损失了3架"飓风"式与2架"管鼻燕"式。

▲ "百眼巨人"号航空母舰飞行甲板

知识链接 >>

1909年,法国人克雷曼·阿德首次提出航母的基本概念和建造航母的初步设想。1910年11月14日,美国飞行员尤金·伊利驾驶一架单人双翼飞机在"伯明翰"号轻巡洋舰前甲板特制的跑道上迎风起飞成功。1911年1月18日,尤金·伊利又驾机在"宾夕法尼亚"号重巡洋舰上成功降落,两次起飞与降落试验,奠定了航空母舰作为一种新舰种的技术基础。

COURAGEOUS-CLASS
勇敢级航空母舰（英国）

■ 简要介绍

勇敢级航空母舰，又称光荣级，是英国皇家海军由一战时建造的勇敢级轻巡洋舰改装而来的航空母舰。它继承了双层飞行甲板和机库的形态，并再次采用了舰岛，改装后可运载舰载机 48 架，被作为主力航空母舰服役。1928—1938 年间，在最新的"皇家方舟"号航空母舰服役前，两艘勇敢级是皇家海军最先进的航母。

■ 研制历程

1924 年，英国皇家海军选中了勇敢级轻巡洋舰的 1 号舰"勇敢"号和 2 号舰"光荣"号进行改造工程。

1924 年 6 月 12 日至 1928 年 5 月 5 日期间，"勇敢"号在达文波特船厂改装为航空母舰，1928 年 2 月 21 日在改装结束后重新服役。

1924 年 2 月 1 日至 1930 年 3 月 10 日期间，"光荣"号在达文波特船厂和罗塞斯改装为航空母舰，1934 年 5 月 1 日至 1935 年 7 月 23 日期间进行进一步改装并重新服役。

两艘勇敢级航母先后于 1939 年 9 月和 1940 年 6 月在二战初期被击沉。

基本参数	
舰长	239.6 米
舰宽	27.6 米
吃水深度	7.1 米
满载排水量	27000 吨
飞行甲板	161.5 米 × 27.9 米
航速	29.5 节
续航力	5860 海里 / 16 节
舰员编制	1100 人
动力系统	4 台蒸汽轮机 18 座锅炉

▲ "勇敢"号飞行甲板上的机库升降机

■ 作战性能

勇敢级航空母舰两舰铺设了全通式的上层飞行甲板和倾斜下垂的下层战斗机起飞甲板。航母有双层机库，上层机库前有个短距的飞行甲板，用于飞机直接从机库中起飞；飞行甲板前部的右侧设置了一个烟囱与舰桥、桅杆合一的大型岛式上层建筑。防卫武器方面，勇敢级航空母舰装备有16座单管120毫米高炮，排列在飞行甲板周边位置较低处，另外还有4座单管40.5毫米40倍径炮。1930年代的几次小改装增加了勇敢级的防空火力，4座单管40.5毫米炮换装为3座8联装。勇敢级航母的双层开放式机库可容纳飞机48架。

▲ 改建为航空母舰的"勇敢"号（左）与"暴怒"号（右）

知识链接 >>

1940年6月8日晚，"光荣"号航空母舰运载着英国皇家空军的10架"斗士"战斗机、8架"飓风"战斗机和5架"箭鱼"鱼雷机自纳尔维克向本土撤退时，遭遇德国战列巡洋舰"沙恩霍斯特"号和"格奈森诺"号。由于"光荣"号的飞机均停放在机库内，来不及出动，遭到对手283毫米主炮的准确命中，成为第一艘在交战中被舰炮击沉的航母。

HERMES
"竞技神"号航空母舰（英国）

■ 简要介绍

"竞技神"号航空母舰，舷号95，是英国海军历史上第一艘真正意义的新建航母，也是世界上第一艘专门完全设计、专门建造的"纯种航母"。"竞技神"号建成后成为各个航母大国建造航母时仿效的样板，其建造在世界航母史上具有里程碑意义。虽然其完工服役日期晚于同时期的日本"凤翔"号航空母舰，但其使用了大量现代航母通用的新技术，因此也被认为比"凤翔"号更接近世界上第一艘现代意义上的航空母舰。

■ 研制历程

1916年，英国的航母设计师总结水上飞机参战以来的经验教训，建议把陆基飞机直接用到航母上去。1917年，英国皇家海军订购了这艘新设计的航母，为纪念第一艘"竞技神"号水上飞机航母，将其也命名为"竞技神"号。1918年，竞技神号在英国开工建造，由于这艘航母在技术上的开创性，需要进行大量的试验，建造工程进度缓慢。后来经过多次修改设计的竞技神号终于完工，晚于1922年底竣工的日本凤翔号航空母舰。

基本参数	
舰长	182米
舰宽	27.4米
吃水深度	6.6米
满载排水量	13200吨
航速	25节
续航力	6000海里/18节
舰员编制	1350人
动力系统	6台锅炉 2台蒸汽轮机

■ 作战性能

"竞技神"号航空母舰之前的水上飞机航母和其他航母，建造时考虑的主要是搭载飞机的问题，很少顾及自身的防御火力问题。"竞技神"号则装配了6门140毫米火炮，既可用于对海射击，又可用于对空射击；3门102毫米高射炮（1934年又增加了8门20毫米高射炮），用于防空作战（"竞技神"号是第一艘把防空作为重要使命的航母）。"竞技神"号最初载机数量为20架，之后随着舰载飞机尺寸的加大，到1942年时，载机数量下降到16架。

结构特点

"竞技神"号航空母舰具有三大创造性特点,这些特点成为后来航母的标准。第一,继承"百眼巨人"号航母的全通式飞行甲板,当时的改造航母中多数飞行甲板分为两半,即舰艏飞行甲板和舰桥后部飞行甲板,飞行作业很不方便。第二,封闭式的舰艏,这种舰艏具有抗浪性,使飞行甲板强度更大。日本的"凤翔"号采用开放型舰艏,1936年演习时遇到强大台风,结果飞行甲板被摧毁。第三,岛式上层建筑置于右舷,将舰桥、桅杆和烟囱合并成大型舰岛位于全通式飞行甲板右侧舰体右舷,这是航空母舰首次采用岛式上层建筑设计。

▲ 1924年,"竞技神"号航空母舰在珍珠港

知识链接 >>

1924年2月18日,"竞技神"号试航结束后,被分配到大西洋舰队服役。1940年至1941年上半年,"竞技神"号加入英国地中海舰队对意大利海军作战,之后又被调回印度洋。1942年4月9日,"竞技神"号在锡兰岛亭可马里海军基地附近遭到日本航空母舰的舰载机攻击,被37枚炸弹击中,很快沉没。

ARK ROYAL
"皇家方舟"号航空母舰（英国）

■ 简要介绍

"皇家方舟"号航空母舰，舷号91，是英国皇家海军隶下的一艘航母，是英国在二战前最先进的航空母舰，主要使命是随同主力舰队作战，能够执行空中护航、对舰攻击、对地攻击、反潜等多种任务。它是英国在二战中战功最卓越、最著名的航空母舰。它凭借精巧的设计和合理的布局，被称为"现代航空母舰的原型"，开创了现代航空母舰的新纪元。

■ 研制历程

20世纪30年代初期，英国拥有6艘航空母舰，5艘是改建而来的，只有"竞技神"号才是第一艘专门设计的航母，但是其载机量少、航速较低，无法满足战争需要。为此，英国海军需要一种新型的、专门设计的大型航空母舰。

"皇家方舟"号航空母舰于1935年9月16日在卡梅尔·莱特公司位于伯肯黑德坎贝尔·莱德的造船厂开工，1937年4月13日下水，1938年11月16日服役，1941年11月14日被德国U-81潜艇的鱼雷击中而沉没。

基本参数

舰长	243.8米
舰宽	29米
吃水深度	7米
满载排水量	27300吨
飞行甲板	219.5米×29米
航速	31.75节
续航力	8775千米/20节
舰员编制	1200人
动力系统	6台锅炉 3台蒸汽轮机

■ 作战性能

"皇家方舟"号航空母舰的防空火力较强，装备16门（8座2联装）45倍口径114.5毫米高平两用炮、48门（6座8联装）40毫米速射高射炮、32挺（8座4联装）12.7毫米高射机枪，二战爆发后又加装20挺7.7毫米机枪。"皇家方舟"号的这套舰载武器方案后来也成为英国航空母舰的标准装备。

■ 实战表现

"皇家方舟"号在二战中的最辉煌的战绩是在对抗德国"俾斯麦号"的战斗中。1941年5月26日夜,在"皇家方舟"号上起飞了15架"剑鱼"式鱼雷攻击机,向20海里外的"俾斯麦"号出击,这个距离对于航母来说是有一定优势的。鱼雷攻击机冒着"俾斯麦"号猛烈的防空炮火,强行攻击,一枚鱼雷命中其薄弱的舰艉,使"俾斯麦"号方向舵被卡死,无力逃回布雷斯特港,于次日被蜂拥而上的英国舰队击败。

▲ 受损的"皇家方舟"号航空母舰

知识链接 >>

在二战初期,"皇家方舟"号是一艘知名度很高的航空母舰。当时在英国,"'皇家方舟'号到哪里了"这句话,甚至成为人们茶余饭后谈论的话题。"皇家方舟"号在某种意义上成为当时英国人永不言败、顽强战斗的象征。正像英国《每日电讯报》评论的那样:"'皇家方舟'号航母,一直是英国皇家海军实力的象征。"

ILLUSTRIOUS-CLASS
光辉级航空母舰（英国）

■ 简要介绍

光辉级航空母舰，又称辉煌级/卓越级，是英国皇家海军隶下的一型航空母舰，是英国在二战前设计的一级新型航母，与之前建造的"皇家方舟"号航空母舰有很大不同，光辉级航空母舰在北海和地中海岸基飞机的航程内作战，而英国的舰载机却不具备陆上战斗机的优良性能，为对抗敌军轰炸机的优势，英国决定为其尽可能地提供有效的保护，其机库和飞行甲板都有装甲防护。

■ 研制历程

1936年，英国通过了建造光辉级2艘航母的预算，1937年又追加另外2艘。1937年年初，"光辉"号和"胜利"号分别在维克斯·阿姆斯特朗船厂和沃尔森德船厂开工。"光辉"号于1939年下水，1940年5月25日完工；"胜利"号于1939年9月14日下水，1941年5月29日完工。

1939年，另外2艘同级舰"可畏"号和"不挠"号动工，"可畏"号在哈兰德－沃尔夫船厂建造，赶在"胜利"号之前下水，1940年11月24日完工。"不挠"号也在维克斯·阿姆斯特朗船厂建造，是光辉级的改进型，于1940年3月26日下水，1941年10月1日完工。

基本参数

舰长	230.88米
舰宽	29.23米
吃水深度	8.96米
满载排水量	29700吨
飞行甲板	229.2米×35.44米
航速	30.5节
续航力	11000海里/14节
舰员编制	海员1300人 空勤人员700人
动力系统	6台锅炉；3台蒸汽轮机

▶ 光辉级航空母舰"光辉"号

■ **作战性能**

　　光辉级航空母舰为了提高防空能力，装备了 79Z 型对空警戒雷达；在飞行甲板边缘四角各配置了 2 座 2 联装炮塔，共 8 座 16 门 114 毫米高炮；此外还配置了 6 座 8 联装 2 磅口径砰砰炮、20 门 40 毫米高炮和 45 门 20 毫米高炮。

　　光辉级先后搭载过的舰载机包括"剑鱼"鱼雷攻击机、"贼鸥"战斗轰炸机、"管鼻燕"舰载战斗机和"飓风"式战斗机。一般搭载 35 架～48 架，作战实践暴露了其舰载机数量不足的缺点。

知识链接 >>

　　1940 年 8 月，"光辉"号加入英国海军地中海舰队。二战中，"光辉"号袭击了意大利海军基地塔兰托，赴东印度群岛作战，进攻日本作战，多次受伤。1947 年"光辉"号进入后备役，1948 年重新服役作为训练航空母舰，1954 年 12 月 15 日退役，1956 年 11 月 3 日出售解体。

INVINCIBLE-CLASS
无敌级航空母舰（英国）

■ 简要介绍

无敌级航空母舰是英国皇家海军隶下一型搭载短距/垂直起降飞机的小型航空母舰，是英国20世纪末至21世纪初的主力军舰。除了担负舰队防空、对地武力投送、反舰与反潜作战任务外，还包括担任英国出兵海外时的特遣舰队旗舰，甚至作为皇家海军陆战队的搭载母舰等。其中"无敌"号参加了1982年的英阿马岛战争，发挥了重要的作用。

■ 研制历程

1973年，经过英国海军部一番努力，无敌级航母被批准建造，为了避免建造时间拖后而导致计划发生变动，同年4月17日海军部就和维克斯造船厂签订了首舰订购合约，7月20日正式开工建造。

首舰"无敌"号于1973年在英国维克斯造船厂开工建造，1977年下水，1980年服役。无敌级航母共建造了3艘，后续有"卓越"号、"皇家方舟"号，现已全部退役。

基本参数	
舰长	209.1米
舰宽	36米
吃水深度	8米
满载排水量	20600吨
飞行甲板	167.8米×13.5米
航速	28节
续航力	7000海里/19节
舰员编制	舰员685人 航空人员366人 可载皇家海军陆战队员600人~800人
动力系统	燃气轮机联合动力系统（COGAG） 4台燃气轮机

▲ 一架V-22"鱼鹰"旋翼机在飞行甲板上降落

■ 作战性能

无敌级航空母舰安装了具有复杂电子控制系统的现代制导武器，代替过去相对简单而笨重的火炮系统；以先进电子设备和指挥控制系统安装为重点，同时需要为舰载直升机以及其维修车间和备件舱库提供庞大的内部空间；使用了燃气轮机代替笨重的蒸汽机作为主动力装置，并引入先进的整机替换维修方式；飞行甲板的长度要能保证6架直升机无障碍起降和设置1条短距滑跃起飞跑道；飞行甲板之前还要安装海标枪防空导弹系统。这些对空间、重量、技术服务和武器控制的设计要求都很高。由于设计方法的改进，舰体的结构重量得以减轻，几经修改形成新的"小型航空母舰"的概念。

知识链接 >>

"无敌"号航空母舰在英国皇家海军中，担负舰队防空、对地武力投送、反舰与反潜作战任务，还担任英国出兵海外时的特遣舰队旗舰，担任皇家海军陆战队的搭载母舰，除设有供执行任务所需的指挥、控制和通信设施外，还具有起降飞机和直升机的能力，因此，其本身装备了足够的防空武装，以有效维护航空母舰自身的安全。

QUEEN ELIZABETH-CLASS
伊丽莎白女王级航空母舰（英国）

■ 简要介绍

伊丽莎白女王级航空母舰是英国皇家海军隶下的一型航空母舰，是一型采用传统动力、短距滑跃起飞并垂直降落的双舰岛多用途航空母舰。它是英国皇家海军有史以来最大的战舰，并首次使用燃气轮机和全电驱动，取代了搭载有限数量舰载机的无敌级航空母舰，成为英国未来的远洋主力。"伊丽莎白女王"号是英国首次用王室名字命名的航空母舰，充分体现了该型航母在英国民众心目中的地位，也标志着英国海军进入了历史新阶段。

■ 研制历程

伊丽莎白女王级航空母舰计划建造2艘，首舰"伊丽莎白女王"号于2009年7月7日开工，2014年7月4日下水，2017年12月7日服役；2号舰"威尔士亲王"号于2011年5月开工，2017年12月21日下水。

基本参数	
舰长	280米
舰宽	73米
吃水深度	11米
满载排水量	64000吨
飞行甲板	280米×57米
航速	25节
续航力	10000海里/18节
舰员编制	1600人
动力系统	IFEP综合电力推进系统 2台燃气涡轮机 4台柴油机 4台感应电动机

▲ 伊丽莎白女王级航空母舰搭载了6架多用途"灰背隼"EH-101直升机

■ 作战性能

英国对于航空母舰的设计有过许多贡献,全通甲板、斜角甲板、蒸汽弹射器、助降灯和喷气式飞机上舰等都是英国人的发明。在伊丽莎白女王级航母上,采用了军舰前后两个岛式上层建筑的独特外观。电子系统与武器装备碍于预算,因而比较简单。单舰点防御自卫武器包括3座美制MK15型密集阵近程防御系统,以及4座DS30B型30毫米舰炮。此外,舰上还将布置箔条、诱饵以及电子干扰装备等软杀伤装备。

▲ F-35B是伊丽莎白女王级航空母舰的首选舰载机

知识链接 >>

伊丽莎白女王级航空母舰的设计与建造由BAE系统公司和泰雷兹集团负责,两支团队都是跨国集团,因此建造工作在不同的地点甚至是不同的国家进行,故舰体与系统安装采用模块化设计,以利于最后的组装并确保品质;其中,BAE系统公司的航母设计由19个结构模组组成,而泰雷兹集团则仅分为5个结构模组。

CLEMENCEAU-CLASS
克列孟梭级航空母舰（法国）

■ **简要介绍**

克列孟梭级航空母舰是法国海军隶下的一型常规动力航空母舰，是二战后法国海军自行建造的第一代航空母舰。它是一艘全功能、多用途的攻击型航空母舰，不仅具有相当强的制空作战能力、制海作战能力，而且还有相当强的反潜作战能力。主要任务包括对海上和陆地目标实施战术核攻击，攻击敌方陆上军事、工业目标及同敌方飞机作战，攻击敌方海军，保护和控制海上交通要道以及彰显本国海上力量。

■ **研制历程**

1952年，法国海军准备淘汰旧航母，为满足海军发展的需要，开始考虑独立自主地建造航母。于是提出了建造第一级现代航母的计划，并分别于1953年和1955年批准了2艘航母的建造计划。

1955年11月，"克列孟梭"号在法国布勒斯特船厂开工，1957年12月21日下水，1961年11月22日服役。2号舰"福煦"号于1957年2月在圣·纳泽尔大西洋船厂开工，后又将舰体拖曳到布勒斯特船厂完工，于1960年7月23日下水。本级舰现已在法国海军退役。

基本参数	
舰长	265米
舰宽	51.2米
吃水深度	8.6米
满载排水量	32780吨
飞行甲板	165.5米×29.5米
航速	32节
续航力	7500海里/15节
舰员编制	1821人
动力系统	2台蒸汽涡轮机

▲ 克列孟梭级航空母舰高速航行

■ 作战性能

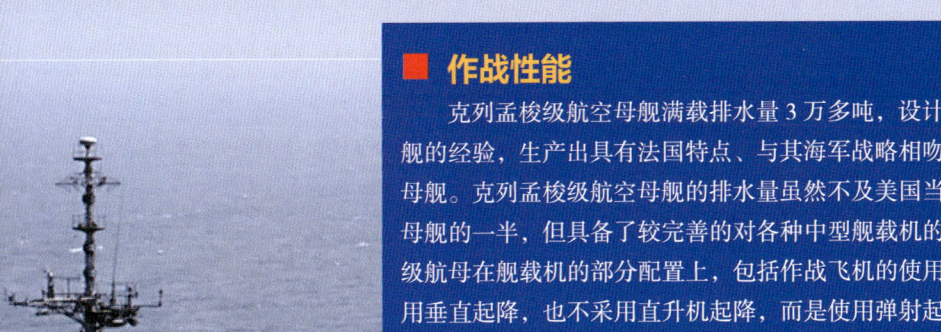

克列孟梭级航空母舰满载排水量 3 万多吨，设计吸取了英、美航空母舰的经验，生产出具有法国特点、与其海军战略相吻合的典型的中型航空母舰。克列孟梭级航空母舰的排水量虽然不及美国当时建造的小鹰级航空母舰的一半，但具备了较完善的对各种中型舰载机的操作和支援能力。该级航母在舰载机的部分配置上，包括作战飞机的使用上独树一帜，既不采用垂直起降，也不采用直升机起降，而是使用弹射起飞这种常规作战飞机的发展道路。克列孟梭级航空母舰是除美国航母之外，唯一能够在 3 万吨级的中型航空母舰上实现弹射起飞，并且常规起降作战飞机的航母。

知识链接 >>

由于"福煦"号服役时间过长，法国海军放弃了对该舰的改造计划。彼时，巴西正想购置航空母舰替代"米纳斯·戈利亚斯"号，法国将该舰以 1200 万美元的价格售予巴西。同年 11 月 15 日，"福煦"号正式移交巴西海军，由法国舰艇建造局重新将其改装翻修，并命名为"圣保罗"号。2001 年 4 月，"圣保罗"号进入巴西海军服役。

▲ 克列孟梭级航空母舰上的"超级军旗"攻击机

HOSHO
"凤翔"号航空母舰（日本）

■ 简要介绍

"凤翔"号航空母舰是日本第一艘航空母舰。它是世界航母建造竞赛中以航母标准设计建造，并最先完工服役的航空母舰，因而被认为是世界上第一艘现代意义上的航空母舰。其最初的试验为日后改装提供了数据，也为日后建造航空母舰、航空母舰战术和甲板飞行训练积累了经验。其作为拥有全通式飞行甲板、上层建筑岛式结构的航空母舰，是各国航空母舰的样板，也是20世纪出现的最主要的海上兵器之一。

■ 研制历程

1918年1月15日，英国皇家海军开工建造"竞技神"号航空母舰。日本马上意识到建造世界上第一艘航母对于确立其海军在世界上的地位的重要意义，随即便通过了航母的建造预算规划。

"凤翔"号航空母舰于1919年12月16日在横须贺海军造船厂开工，1922年12月22日服役。1946年9月至1947年5月1日在大阪的日立造船樱岛工厂完成解体。

基本参数	
舰长	179.5米
舰宽	18米
吃水深度	5.3米
满载排水量	10500吨
飞行甲板	168.25米×22.7米
航速	25节
续航力	10000海里/14节
舰员编制	550人
动力系统	4台重油锅炉 4台油煤混烧式锅炉 2台蒸汽涡轮机

▲ 1923年，英国上尉威廉在"凤翔"号降落时拍摄的照片

■ **实战表现**

"凤翔"号航空母舰是日本第一艘航母,因此很多设计都有实验性风格,尺寸不是很大。采用无装甲设计,具有全通式的飞行甲板和前后 2 个机库;打破了第一代航母的"平原型"结构,1 个小型岛式舰桥被设置在飞行甲板的右舷。装备有 4 门 140 毫米 50 倍径单装舰炮(1936 年撤除),2 座 40 倍径高射炮(1939 年前撤除),6 门 93 式机枪(1936 年加装),4 座 2 联装 96 式机枪(1937 年后加装),10 座 3 联装 96 式机枪(1944 年加装)。舰载机为战斗机 8 架(备 3)、攻击机 6 架(备 2)。

知识链接 >>

"凤翔"号的岛式上层建筑小,只设驾驶室和海图室,再上面是三角桅。不过在实际使用过程中,发现岛式结构并不是很合适。由于该舰的飞行甲板比较狭窄,岛式建筑在起降时显得非常碍事。为了保证舰载机的安全起降,后又拆除了岛式建筑,将舰桥的功能移到了飞行甲板前段下面,同时还改成了向下弯曲的固定式烟囱。

▲ 1922 年 12 月 4 日,正在海试的"凤翔"号

AKAGI
"赤城"号航空母舰（日本）

■ 简要介绍

"赤城"号航空母舰是日本海军二战期间天城级重型航空母舰2号舰，舰名是以关东北部的赤城山来命名的。它是日本海军的第一艘大型航空母舰。它活跃在太平洋战场上，从初战的偷袭珍珠港到最后中途岛海战被美国海军"企业"号（CV-6）击伤，鉴于坚持损管没有意义，1942年6月6日，被日本方面下令用鱼雷击沉。

■ 研制历程

根据日本帝国海军制订的"八八舰队计划"，"赤城"号最初是天城级战列巡洋舰的2号舰，天城级战列巡洋舰计划建造4艘，因为《华盛顿海军条约》的签订，1号舰"天城"号、2号舰"赤城"号便改建成航空母舰，3号舰、4号舰则拆除，后因1923年日本关东大地震造成"天城"号舰体发生彻底破坏，故该级只建成"赤城"号一艘，所以也可以称作赤城级。

基本参数

舰长	260.67米
舰宽	31.32米
吃水深度	8.71米
满载排水量	41300吨
飞行甲板	249.17米×30.5米
航速	31.2节
续航力	8200海里/16节
舰员编制	1630人
动力系统	19台专烧/混烧锅炉 4台蒸汽涡轮机

▲ 1927年6月27日，"赤城"号在伊予市附近海域进行海试，可见到其三段飞行甲板的设计和横卧式烟囱

■ 作战性能

"赤城"号航空母舰从战列巡洋舰改为航空母舰时,主甲板以上全部重新建造,设有双层机库。最初安装3段飞行甲板,呈阶梯状分为3层,上层是起降两用甲板,全长190米,宽30.5米,中、下两层与双层机库相接可供飞机直接从机库起飞,中层甲板供小型飞机起飞,长约15米;下甲板层较长,供大型飞机起飞,长56.7米,宽23米。武装方面,安装了10门200毫米口径火炮,用来打击巡洋舰等水面目标,其中2座2联装炮塔并列安装在舰桥之前的甲板上,单装炮廓式炮组分别装在舰体后部两侧。

知识链接 >>

1941年12月7日早晨,珍珠港事件爆发,偷袭珍珠港的"元凶"是日军航空母舰。6艘航母组成的日本航空母舰编队在12月6日到达了预定海域。旗舰是"赤城"号,南云中将在他的旗舰"赤城"号指挥室里下达了攻击命令。此时"赤城"号桅杆上升起了Z字旗,6艘航母同时拉响了战斗警报,日军航母编队进入了战斗状态。

SHINANO
"信浓"号航空母舰（日本）

■ **简要介绍**

"信浓"号航空母舰是日本海军的大型舰队航空母舰，是当时世界上排水量最大的航空母舰（直至 1960 年美国小鹰级航空母舰的服役）。"信浓"号在服役后的第一次正式出航中，仅仅航行了 17 个小时便被美军潜艇发射的 4 枚鱼雷击沉，创造了世界舰船史上最"短命"的航空母舰的纪录。

■ **研制历程**

1936 年，日本退出伦敦海军限制军备的谈判。1937 年，日本海军制定了"03 舰艇补充计划"，确定建造 2 艘大和级战列舰。后来又根据"04 舰艇补充计划"开工建造了大和级战列舰（改进型）的 3 号舰（110 号舰）、4 号舰（111 号舰）。

110 号舰建造进行时太平洋战争爆发。战争初期，战机对战舰的优势完全显现；另外，战争期间因为资源不足的原因，110 号舰的建造计划被取消，111 号舰停止建造并解体。

1942 年 6 月，日本海军由于中途岛海战的惨败，损失了 4 艘主力航空母舰，为了及时补充航空母舰的战力，日本除了加速建造航空母舰以外，已经完成 50% 的 110 号舰船壳也被日本海军列入改装航空母舰工程，并取名为"信浓"号。

基本参数	
舰长	266.6米
舰宽	36.3米
吃水深度	10.31米
满载排水量	72890吨
飞行甲板	256米×36.3米
航速	27节
续航力	10000海里/18节
舰员编制	2400人
动力系统	12座主锅炉 4台蒸汽轮机

▲ 1945 年 6 月，浮在海上的"射水鱼"号潜艇

■ **作战性能**

"信浓"号机库只有一层是因为当时战列舰工程已进行到上甲板，时间紧迫无法加设下层宽库。但如此一来重心不会升高，整块飞行甲板都可以装甲化。为了有效地防御高空和俯冲轰炸，"信浓"号的飞行甲板铺装了甲板装甲。舰载火炮主要用于防空自卫，2联装127毫米大口径的高平炮8座，还有3联25毫米小口径高射炮37座，单管25毫米炮12座，另外还有13毫米口径高射机枪22座。最初设计为搭载38架"烈风"式战斗机，18架"流星"式攻击机，9架"彩云"式侦察机，一共65架。

▲ 为"信浓"号特别建造的横须贺第六号船坞之遗址

知识链接 >>

1944年11月，美军轰炸横须贺海军工厂，在"信浓"号下水的8天后，日本海军命令该舰立即开往吴港的造船厂躲避美军的轰炸。美国"射水鱼"号潜艇发现了"信浓"号，向该舰发射了6枚鱼雷，4枚命中，此时是1944年11月28日凌晨3时，"信浓"号舱室被撕开了10余米宽的口子，海水灌了进来，"信农"号最终沉没。

PRINCE OF ASTURIAS
"阿斯图里亚斯亲王"号航空母舰
（西班牙）

■ 简要介绍

"阿斯图里亚斯亲王"号航空母舰是西班牙海军第三艘航空母舰。舰名源自西班牙储君的封号。它担任联合作战行动中的战区指挥管制；在对陆地作战中，以"猎鹰"垂直/短距起降战机执行沿岸地区的空中武力投射，包括密接支援、空中压制、精确打击特定目标等；由"海王"空中预警直升机、"猎鹰"战机与A战斗群的防空舰艇执行区域防空任务；由本身以及护航空母舰艇搭载的反潜直升机队、反潜护航空母舰艇执行联合反潜任务。

■ 研制历程

由于"迷宫"号航母已经相当老旧，西班牙海军在1970年代便开始自行设计一种以反潜为主要任务的轻型短距起降航空母舰。

"阿斯图里亚斯亲王"号航空母舰于1977年6月开工，1979年10月安放龙骨，1982年5月22日下水，1988年5月30日服役。之所以工期拖得这样长，主要是因为历经多次设计变更使进度延后，其中包括参考英国无敌级航空母舰的设计。

基本参数	
舰长	196米
舰宽	24.4米
吃水深度	9.1米
满载排水量	15150吨
飞行甲板	175.3米×29米
航速	26节
续航力	6500海里/20节
舰员编制	930人
动力系统	2台燃汽轮机

▲ 整齐排列在"阿斯图里亚斯亲王"号航空母舰上的AV-8B"鹞"式战斗机

■ 作战性能

"阿斯图里亚斯亲王"号的雷达与电子战系统多半采用美国货，舰上主要自卫武装为4具西班牙自制的"马洛卡"近迫武器系统，其中舰身前段左右各设有1具，另外2具则位于舰艉。此外，舰上还有8枚美制"鱼叉"反舰导弹。舰体设有消磁系统，以抵消长年航行下来船壳遭受的地磁磁化。本舰的舰体设有气泡产生系统，能降低舰体航行时在水中传播的噪声。舰载机方面，平时搭载22架各式战机，最多可容纳37架战机。

▲ AV-8B"鹞"式战斗机在"阿斯图里亚斯亲王"号航空母舰上起降

知识链接 >>

2008年全球金融海啸之后重创了欧洲经济，西班牙成为债台高筑的经济重灾区，西班牙军费删减高达25%。由于难以承担"阿斯图里亚斯亲王"号日常执勤的巨大开销，从2012年7月起，舰上只能维持最起码的人员短期训练活动，并在2013年年初展开了除役作业。2013年2月6日，"阿斯图里亚斯亲王"号在典礼中正式除役。

GARIBALDI
"加里波第"号航空母舰（意大利）

■ 简要介绍

"加里波第"号航空母舰是意大利海军隶下的一艘航空母舰，是意大利第一艘小/轻型航空母舰，号称世界上吨位最小的航空母舰。舰名源自意大利名将朱塞佩·加里波第。虽为轻型航母，但其搭载飞机能力和反潜、反舰、防空作战能力都较强，可承担反潜、海上巡逻、海面搜索、营救等多种任务，主要任务是在地中海执行警戒巡逻，扼守和保卫直布罗陀海峡通道，单独或率领特混编队进行反潜、防空和反舰任务，掩护和支援两栖攻击，为运输船队护航，确保海上交通线畅通等。

■ 研制历程

1977年11月，意大利海军同意大利造船集团签订了一项设计1092型舰的合同，即直升机母舰项目，开始称直通甲板巡洋舰，后又称直升机巡洋舰，下水时又称航空护卫巡洋舰。

"加里波第"号航空母舰于1981年3月在意大利芬坎蒂尼造船公司开工建造，1983年6月11日下水，1985年9月30日服役。

基本参数	
舰长	180米
舰宽	33.4米
吃水深度	6.7米
满载排水量	13370吨
飞行甲板	173.8米×30.4米
航速	30节
续航力	7000海里/20节
舰员编制	550人
动力系统	4台燃气轮机 6台柴油发电机

▲ SH-3"海王"直升机在甲板上

■ 作战性能

"加里波第"号是继英国无敌级之后出现的又一艘有代表性的轻型航空母舰，它比无敌级更轻型，外形大致相同，排水量只有无敌级的三分之二。经过周密细致的设计，其吨位虽小，却可载 16 架～18 架飞机。舰上武器配置齐全，反舰、防空及反潜三者攻防兼备，既可作为航母编队的指挥舰，又可单独行动。其动力采用体积小、重量轻、功率大、启动快、操纵灵活的燃气轮机，使航速可达到 30 节，而且机动性强，从静止状态到全功率状态只需 3 分钟。

▲ AV-8B "鹞" II 战斗机正在起降

知识链接 >>

朱塞佩·加里波第（1807—1882年），意大利爱国志士及军人。他献身于意大利统一运动，亲自领导了许多军事战役，是意大利"建国三杰"之一。

CAVOUR
"加富尔"号航空母舰（意大利）

■ **简要介绍**

"加富尔"号航空母舰是意大利21世纪的一艘新航母，兼具轻型航空母舰与两栖运输舰功能的弹性设计，能配合地平线级驱逐舰和欧洲多任务护卫舰，组成了颇具欧洲特色的海上远洋舰队，是意大利海军的核心和主力。未来这类拥有两栖因素的轻型航空母舰将越来越多。

■ **研制历程**

意大利海军从1996年11月起便开始执行NMU计划（又称168号计划），建造一艘新一代的轻型短距起降航空母舰。

2000年11月22日，意大利海军与芬坎帝尼公司签下3个合约，包括舰体建造、组装、战斗系统整合等，总金额12亿美元。建造工作由芬坎提尼公司旗下的里瓦·特里戈索与穆吉亚诺船坞负责，其中里瓦·特里戈索负责舰体中段与尾段的建造，穆吉亚诺则负责舰艏的部分，所有船段最后在穆吉亚诺完成总装。

"加富尔"号航空母舰于2001年7月17日动工开建，2004年7月20日下水，2008年3月27日服役。

基本参数	
舰长	235.6米
舰宽	39米
吃水深度	7.5米
满载排水量	27100吨
航速	29节
续航力	7000海里/16节
舰员编制	1271人
动力系统	复合燃气涡轮与燃气涡轮系统 4台燃气涡轮机

▲ AV-8B "鹞" II 战斗机正在起飞

■ 作战性能

"加富尔"号拥有完善的先进探测与作战系统，大量应用地平线级驱逐舰所发展的软硬体，并分为指挥系统与指挥支援系统。其最重要的防空自卫装备是 SAAM／I 短程防空导弹系统。舰上总共装备 4 组 8 联装"席尔瓦"A-43 垂直发射系统，设置于飞行甲板左侧末端。装置的 EMPAR 雷达采用 G／C 频操作，天线有半球形护罩保护，最大探测距离约 180 千米，可同时探测 300 个目标，追踪其中 50 个目标，同时导引 24 枚"紫菀-15"防空导弹接战 12 个最具威胁性的目标。

知识链接 >>

"紫菀"防空导弹是法国和意大利合作开发的对空导弹族系（FSAF），"紫菀-15"短程防空导弹能达到 30 千米，最大射程已经接近或等同于美制标准导弹 SM-1，能争取到更多拦截时间与次数。因此，这类新一代舰载防空导弹又被称为"近程区域防空导弹"，使舰艇反导弹防御的有效拦截距离达到了地平线附近。

VIKRAMADITYA
"维克拉玛蒂亚"号航空母舰（印度）

■ 简要介绍

"维克拉玛蒂亚"号是印度海军隶下的航空母舰。本舰原为俄罗斯海军基辅级航空母舰末舰"戈尔什科夫海军上将"号航空母舰，2004年卖给印度并展开改造工程，2013年11月交付给印度海军。改造后的"维克拉玛蒂亚"号航空母舰变成一艘缩小版的库兹涅佐夫元帅级航空母舰。

■ 研制历程

"戈尔什科夫海军上将"号（原名"巴库"号）航空母舰于1978年12月在位于黑海的尼古拉耶夫造船厂安放龙骨，1982年4月17日下水，1988年6月进入苏联海军服役；苏联解体后，归入俄罗斯海军服役，1995年8月1日除役。

1998年俄罗斯总理访问印度期间，表示俄罗斯有意将"戈尔什科夫海军上将"号的舰体无偿赠送给印度，但是改造费用由印度负担。2000年，双方就此签署备忘录。经过数轮价格谈判，2004年1月20日，印度与俄罗斯最终签约。由俄罗斯的北德文斯克造船厂负责改装工程。

2013年11月16日于北德文斯克基地移交印度海军，配属于印度西部舰队。12月26日，"维克拉玛蒂亚"号在英国"蒙茅斯"号护卫舰护卫下，穿过英吉利海峡，返回印度。

基本参数	
舰长	283米
舰宽	51米
吃水深度	10.2米
满载排水量	45400吨
航速	32节
舰员编制	1400人
动力系统	8台锅炉 4台蒸汽涡轮机

▲ "维克拉玛蒂亚"号航空母舰

■ 作战性能

"维克拉玛蒂亚"号的电子系统与自卫武装完全重新配置，防空武器是以色列制造的"闪电"式短程防空导弹或俄制 CADS-N-1 "卡什坦"炮/弹合一近程防御武器系统。为了操作"米格-29K"固定翼舰载机，"维克拉玛蒂亚"号的起降模式改为与"库兹涅佐夫海军上将"号相同的短距起飞/拦阻索回收；舰面上原有的武器防空导弹与反舰导弹等全数拆除，舰艏加装 14.5 度的滑跃甲板；飞行甲板的结构与布局也进行大幅变更，左舷追加斜角甲板作为飞机降落动线并扩大飞行甲板面积，右舷甲板也向外延伸，飞行甲板后端设置 3 组拦截索。

▲ 海试中的"维克拉玛蒂亚"号航空母舰

知识链接 >>

俄罗斯方面向印度方面推荐的舰载机是"米格-29K"，当时只有纸面构想。对于这款尚待研发的全新机型，印度方面对其能否在航空母舰上顺利操作存有疑虑，不过，印度海军最后还是在 2004 年 12 月 22 日购买了 16 架"米格-29K"，并保留 2015 年续购 30 架的优先选择权。第一架于 2007 年 1 月交机，合约还包括由俄罗斯训练印度海军的"米格-29K"飞行员。

CHAKRI NARUEBET
"差克里·纳吕贝特"号航空母舰（泰国）

■ 简要介绍

"差克里·纳吕贝特"号航空母舰是泰国皇家海军隶下的一艘航空母舰，是泰国第一艘航母，也是世界上最小的航母。它的服役使泰国海军在东南亚的地位得以提升，成为该地区十分强大的一支海上力量。泰国海军在战时具备了可以随时出动的前进基地，在平时的海上救援行动中也有了一个理想的指控、通信中心。

■ 研制历程

1989年的强台风席卷泰国南部，造成大量渔船沉没，沿岸民房倒塌，虽经海军全力援救，终因出动的舰艇能力有限，仍然损失严重，当时如能使用舰载直升机及时进行抢救当最为理想。于是从自身担负的使命和任务出发，泰国海军迫切需要一型直升机海上机动平台。

1992年3月，泰国海军与西班牙的巴赞造船公司签约，订购1艘能载直升机和"鹞"式战斗机的小型航空母舰，"差克里·纳吕贝特"号航空母舰由此诞生。

基本参数	
舰长	182.6米
舰宽	22.5米
吃水深度	6.25米
满载排水量	11450吨
飞行甲板	174.6米×27.5米
航速	26节
续航力	10000海里/12节
舰员编制	601人
动力系统	2台燃气轮机 2台柴油机

▲ "差克里·纳吕贝特"号航空母舰